Leserstimmen

«Erfolgreiches Präsentieren erfordert viel mehr als schöne, bunte Power-Point-Slides. Skipwith und Rüegger zeigen in diesem Buch sehr klar, was man machen muss, damit der Funke aufs Publikum überspringt.»

Dr. Nikolaus S. Lang, Partner und Managing Director, The Boston Consulting Group, München

«Das beste Geschenk für jeden Manager und jeden, der Präsentationen und Reden halten muss.»

Remo Di Giorgio, Managing Director, Credit Suisse AG

«Schlechte Präsentationen und Vorträge sind verlorene Zeit und verspielte Chancen. Wollen Sie Ihre Message effektiv platzieren? Dann sollten Sie mit diesem Buch den Anfang machen. Ein guter Tipp für alle, die ihre Zuhörer wirklich begeistern wollen.»

Werner Schiessl, Leiter Business Solutions IT, Kapsch BusinessCom, Wien

«In jedem Beruf ist ein guter Auftritt das A und O. Das Buch vermittelt eindrücklich, wie für jeden ein guter Auftritt zu schaffen ist. Inklusive wie man sich gut vorbereitet, richtig einübt und einen guten ersten Eindruck macht.»

Thomas D. Meyer, CEO, Accenture Schweiz

«Die Kraft einer guten Präsentation wird oft unterschätzt. Skipwith/Rüegger stellen uns mit ihrem praktischen Buch eine inspirierende und nützliche Vorbereitungshilfe zur Verfügung. Der Wurm hat ausgezeichnet geschmeckt!»

Dr. Daniel Villiger, Geschäftsführer und Inhaber, ABP Assessment AG, Zug

«Alles praxisbezogen und sofort umsetzbar. Ich kann das Buch allen empfehlen, die überzeugende Präsentationen halten wollen.»

Dr. Markus Prandini, Studiengangleiter International Management, ZHAW School of Management and Law, Winterthur

«... schon vor 15 Jahren hat Reto Rüegger, damals bei der Zurich Financial Services, Manager und Mitarbeiter weltweit mit Rhetorik und brillanten Moderationen beeindruckt. Jetzt liegen seine Geheimnisse zusammen mit denen von Thomas Skipwith in Buchform vor. Ein ‹Must Read› für alle, die rhetorisch weiterkommen wollen.»

Daniel Lüscher, Head Human Resources Corporate Center, Zurich Financial Services Group, Zürich

«Für mich ist dieses Buch einzigartig. Im Unterschied zu anderen Büchern beschreibt es auch, wie man den richtigen ‹Mind-Set› für eine Präsentation einnimmt. Außerdem gibt es mir eine Fülle von praktischen Hilfsmitteln und Checklisten für die Vorbereitung und Durchführung von Präsentationen an die Hand. Durch die Anwendung des Power-Präsentations-Modells für eine Präsentation bei einer internationalen Konferenz war ich sehr viel effektiver in der Vorbereitung und wurde zusätzlich von mehreren Konferenzteilnehmern mit überschwänglichem positivem Feedback belohnt.»

Ömer Güven, Delegate – Country Representative Egypt, Schweizerisches Rotes Kreuz, Kairo

«Back to the Roots – endlich ein Buch, das den Fokus weg von PowerPoint wieder auf den Redner leitet und die wichtigen Elemente wie eine klare Struktur, die Kernbotschaft und den Appell ins Zentrum einer Präsentation stellt. Nur wenn wir unserem Fisch einen echten und lebendigen Wurm anbieten, wird er anbeißen. Tun wir dies auch noch mit ‹Herzblut›, dann ist dies das Salz in der Suppe und der Fisch wird aus dem Wasser springen.»

Werner Bircher, Education Director, SAP (Schweiz) AG

Thomas Skipwith | Reto B. Rüegger

Der Wurm muss dem Fisch schmecken

Konzeption und Realisation: Ariadne-Buch, Christine Proske, München
Redaktion: Gabriele Ernst, Icking bei München
Umschlags- und Inhaltsabbildungen: formd grafik + neue medien, Winterthur
Umschlags- und Inhaltsgestaltung: Bernet&Schönenberger, Zürich
Druck: fgb • freiburger graphische betriebe, Freiburg

ISBN 978-3-280-05414-7

Bibliografische Information der Deutschen Nationalbibliothek:
Die Deutsche Nationalbibliothek verzeichnet diese Publikation in der Deutschen Nationalbibliografie; detaillierte bibliografische Daten sind im Internet über http://dnb.d-nb.de abrufbar.

Für all diejenigen, die uns auf unserem Weg begleitet und gefördert haben.

Thomas Skipwith | Reto B. Rüegger

Der Wurm muss dem Fisch schmecken

Mit Power präsentieren und rhetorisch punkten

orell füssli Verlag AG

Inhalt

Visuelle Unterstützungen: Erstellen von PowerPoint-Folien

Ton, Klappe, ACTION!

Vorwort: PowerPoint kann viel, aber lange nicht alles

Wer kommt Ihnen in den Sinn, wenn Sie an einen Top-Redner denken? Wenn Sie dabei nicht an sich selbst denken, dann lesen Sie weiter!

Aufgrund meiner Tätigkeit bei Microsoft arbeite ich mit Trainern auf der ganzen Welt zusammen. Ich bin persönlich der Meinung, dass die besten Trainer und Redner mehr tun als nur präsentieren; sie erzählen Geschichten. Sie erzählen Geschichten, welche die Studenten in ihren Bann ziehen. Geschichten, die nie vergessen werden. Geschichten, welche die Zuschauer ihren Freunden weitererzählen.

Als ich noch an der Uni studierte, hatte ich einen Professor, der früher Bananenverkäufer war. In seiner ersten Vorlesung erzählte er uns, wie er einen prestigeträchtigen Auftrag an Land gezogen hatte. Damit wurde er der bevorzugte Lieferant einer der reichsten Firmengruppen – wenn ich mich recht erinnere – von Dubai.

Er hatte sich alle erdenkliche Mühe gegeben, die erste Bestellung des Kunden in tadelloser Qualität zu liefern. Bananen, so habe ich es an diesem Tag gelernt, müssen bei 13,3 Grad Celsius transportiert werden. Also bringt man sie auf ein gekühltes Flugzeug, das diese Temperatur konstant halten kann. Außerdem darf man die Bananen nicht mit anderen Früchten transportieren. Sie geben nämlich ein Gas von sich, das die anderen Früchte kaputtgehen lässt.

Als die Bananen an ihrem Bestimmungsort ankamen, wurden sie auf die Ladefläche von Lastwagen geladen und abtransportiert. Es herrschte eine brütende Hitze und die Bananen waren auf ihrem Weg zum Kunden während fünf Stunden der Hitze und dem Sonnenlicht ausgesetzt.

Während mein Professor mit seiner unterhaltsamen Geschichte fortfuhr, fingen wir an, uns Sorgen zu machen, wann denn die eigentliche Marketingvorlesung beginnen würde. Es schien uns, als würde die Geschichte immer mehr vom Thema Marketing abdriften. Er erzählte uns bis ins Detail, wie er interveniert hatte und eine neue Lieferung schickte, diesmal in Kühl-Containern, um absolut sicherzugehen, dass die Bananen mit der richtigen Temperatur transportiert würden. Auf der ganzen Strecke bis zum Kunden. Er war bereit, bei diesem Geschäft einen Verlust zu machen. Er wollte unbedingt ein guter Verkäufer sein und die Erwartungen des Kunden übertreffen.

Schlussendlich wurden die Bananen in tadelloser Qualität geliefert. Der Koch lächelte – und steckte sie in den Mixer!

Niemand hatte danach gefragt, wofür die Bananen gebraucht würden. Sie hatten einfach angenommen, dass …

Es ist die erste Lektion im Marketing: Ich darf keine Annahmen treffen. Ich muss Fragen stellen, zuhören, sichergehen, dass ich weiß, was der Kunde will.

Wir haben an dem besagten Morgen kein Buch geöffnet und keine einzige Folie zu Gesicht bekommen. Trotzdem hat uns der Professor die wichtigste Marketinglektion überhaupt beigebracht: Er hat uns eine unvergessliche Geschichte erzählt. Das war vor 20 Jahren und ich denke noch heute oft daran. Es war sogar das Erste, woran ich gedacht habe, als ich mich hinsetzte, um dieses Vorwort zu schreiben.

Während Sie nun beginnen, dieses Buch zu lesen, rate ich Ihnen, sich die folgende Wahrheit über das Präsentieren zu eigen zu machen: Der Inhalt ist nur die Hälfte der Miete, die andere Hälfte ist die Vortragsweise.[1]

Geben Sie Ihr Bestes für das, was Sie tun, erzählen Sie Ihrem Publikum unvergessliche Geschichten und genießen Sie es!

Tjeerd Veninga

Tjeerd Veninga ist der Leiter der Microsoft Certified Trainer Community bei Microsoft. Er ist Chef von 17.000 zertifizierten Trainern, die ihre Kunden in über 150 Ländern in der Microsoft-Technologie ausbilden. Außerdem schreibt er einen Microsoft-Blog: Born to Learn (http://borntolearn.mslearn.net).

Einleitung: das Power-Präsentations-Modell

Bücher über Präsentationstechnik und Rhetorik gibt es viele. Und seit den alten Griechen tut sich nicht wirklich viel Neues in Sachen Kommunikation – oder doch? Unsere Welt und die Möglichkeiten, darin zu präsentieren, sind komplexer und vielfältiger geworden. Gerade darum haben wir ein Buch verfasst, das Ihnen hilft, Ihre Präsentationen einfach auf den Punkt zu bringen. So, dass Ihr Publikum anbeißt, der sprichwörtliche Wurm eben dem Fisch

ABBILDUNG 1: Das Power-Präsentations-Modell nach Skipwith/Rüegger

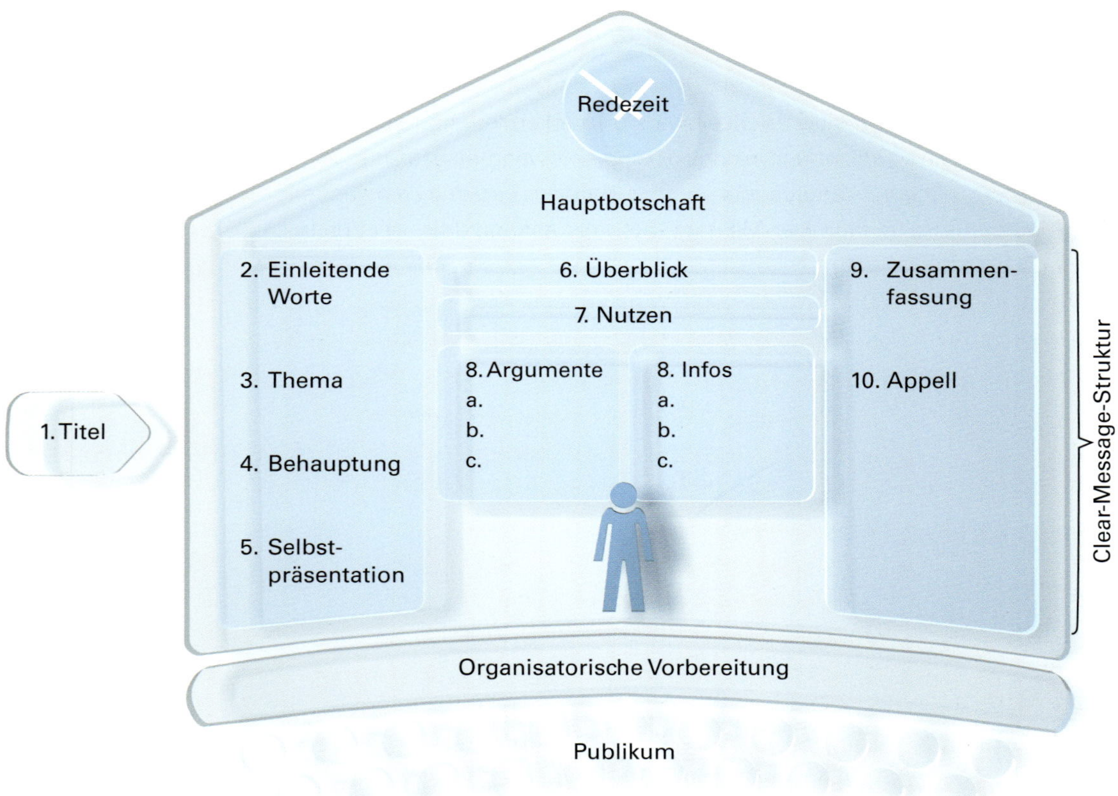

schmeckt. Eine Arbeitskollegin von uns hat es mal pointiert ausgedrückt: «Halte nie eine Präsentation, die du nicht selbst gern anhören würdest!» Jetzt mal Hand aufs Herz: Würden Sie mit Freude Ihrer nächsten Präsentation beiwohnen? Ja? Sehr gut. Nein? Hmm, dann lesen Sie weiter.

Aus unserer langjährigen Erfahrung als Coach und Trainer wissen wir, dass viele Fachexperten kein strukturiertes Vorgehen haben, um erfolgreich Präsentationen vorzubereiten und zu halten. Darum war uns von Anfang an klar: Es braucht ein Modell, das alles umfasst und gleichzeitig leicht verständlich und anwendbar ist. Nach mehreren Varianten und etwas Kopfzerbrechen haben wir ein Modell entworfen, das unseres Erachtens den obigen Anforderungen entspricht: das Power-Präsentations-Modell. Mit einer klaren Schritt-für-Schritt-Anleitung erlaubt Ihnen dieses Modell, in kürzester Zeit eine packende Präsentation zu entwickeln und zu halten. Dieses Buch ist gemäß diesem Modell strukturiert.

Das Modell basiert auf einer Analogie: Ein Redner steht auf der Bühne vor Publikum. Im Hintergrund sind zwei Leinwände zu erkennen. (In Kapitel 3 erfahren Sie, weshalb wir zwei und nicht nur eine Leinwand einsetzen.) Links, rechts und oben hängen Werbebanner. Auf den Bannern und den Leinwänden stehen die zehn Schritte der Clear-Message-Struktur, anhand derer wir den Inhalt einer Rede strukturieren. Die Präsentation fußt auf einer gründlichen organisatorischen Vorbereitung. Der Titel (zum Beispiel in einer Einladung) zieht das Publikum an wie ein Wegweiser. Der Redner darf weder die Uhr (und damit die Redezeit) noch die Hauptbotschaft aus den Augen verlieren.

Im zweiten Teil dieses Buches finden Sie zusätzlich wertvolle Hinweise und Tricks, wie Sie erfolgreich Ihre Botschaft visuell, zum Beispiel mit PowerPoint, umsetzen können. Also das, was so häufig auf den Leinwänden angezeigt wird.

Im dritten und letzten Teil geht es um Sie als Redner, um denjenigen, der auf der Bühne im Vordergrund steht. Was können Sie tun, um noch besser zu überzeugen, die Botschaft noch klarer zu vermitteln und sicherzustellen, dass der Inhalt Ihrer Präsentation sowie Ihre Folien wirklich verstanden werden?

Außerdem beinhaltet dieses Buch Tipps und Tricks aus der Praxis, die Sie sofort und einfach in Ihrer nächsten Präsentation anwenden können. Denn Sie wollen ja, dass Ihr Publikum anbeißt. Also ganz nach dem Motto: Der Wurm muss dem Fisch schmecken. Wir wünschen Ihnen viel Erfolg!

Teil I:

Vorbereitung ist die halbe Miete

Die Volksweisheit «Vorbereitung ist die halbe Miete» gilt auch bei Präsentationen. Leider wird sie oft sträflich vernachlässigt. Der Redner[2] steht dann vorne und weiß nicht recht, wo und wie er anfangen soll. Im Hauptteil vergisst er, was er eigentlich sagen wollte. Und zum Schluss weiß er nicht, wie er aufhören soll. Wer sich vorbereitet, weiß nicht nur, was er sagt, sondern seine Botschaft kommt auch beim Publikum an.

In diesem ersten Teil des Buches schauen wir uns die folgenden vier Punkte des Power-Präsentations-Modells genauer an: Publikum, Hauptbotschaft, Inhalt/Struktur und Redezeit. Zusammen ergeben die Anfangsbuchstaben dieser vier Aspekte das Akronym PHIR – phonetisch wie «vier». Kurz und einprägsam. Diese vier Punkte sind die Schlüsselelemente für eine gute inhaltliche Vorbereitung.

ABBILDUNG 2: Die vier Schlüsselelemente im Power-Präsentations-Modell

Damit die gegenseitige Abhängigkeit dieser vier Elemente klar in Erscheinung tritt, haben wir sie in der folgenden Grafik zueinander in Beziehung gestellt.

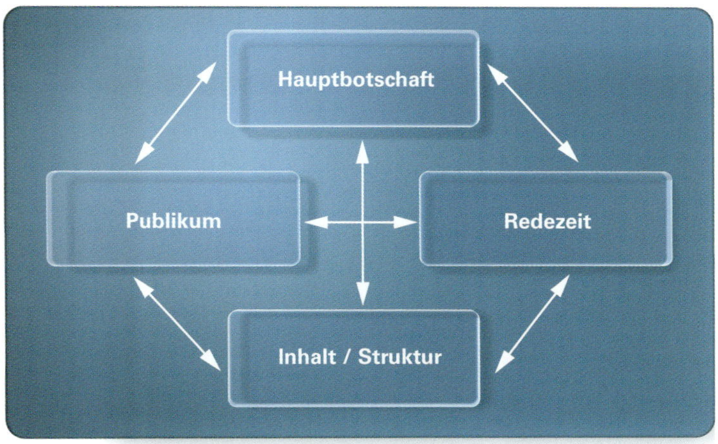

ABBILDUNG 3:
Die vier Schlüsselelemente einer guten inhaltlichen Vorbereitung

In den folgenden Kapiteln werden wir die Schlüsselelemente Publikum, Inhalt/Struktur, Hauptbotschaft und Redezeit nun genauer betrachten.

Wie Sie hier sehen, haben wir im Bereich bla, bla, bla, bla, blubber, bla, bla, bla, . . .
Lieber eine Stunde Präsentation als gar kein Schlaf!
Zzzz, Zzzz . . .

AUF DEN PUNKT GEBRACHT

Analysieren Sie Ihr Publikum.
Präsentieren Sie zielgruppengerecht.

Kapitel 1: Der Wurm muss dem Fisch schmecken!

Was macht den Unterschied zwischen einer schlechten und einer guten Werbung aus? Die schlechte Werbung wird nicht wahrgenommen. Sie ist rausgeworfenes Geld. Sie ist vergeudete Zeit. Die gute Werbung kommt an. Sie ist gut investiertes Geld. Sie ist die Zeit des Werbers und des Kunden wert. Sie weckt die Aufmerksamkeit des Publikums. Wie macht das die gute Werbung? Sie schafft das, indem sie eine Brücke zum Publikum schlägt – am häufigsten mit Emotionen, Gefühlen, Humor oder einer Geschichte. Dann beißen die Kunden an. Wie beim Angeln: Der Fisch beißt dann an, wenn ihm der Köder schmeckt. Der Köder muss dem Fisch schmecken, nicht dem Angler! Genauso ist es bei einer fachspezifischen Präsentation. Sie werden die Zuhörer in Ihren Bann ziehen, sofern das Material, das Sie präsentieren, publikums- und mundgerecht zubereitet ist. Es muss schmecken. Erklären Sie beispielsweise einem Publikum aus Finanzfachleuten, welche Auswirkungen die Entdeckung der Black-Scholes-Formel auf die Finanzindustrie, auf die Boni der Manager und damit auf den Geldbeutel der Zuschauer hat.

Was gilt es nun zu beachten, damit der Wurm dem Fisch schmeckt? Schauen wir uns das erste Schlüsselelement von PHIR genauer an: das Publikum.

Das erste Schlüsselelement: das Publikum

An erster Stelle steht die folgende Unterscheidung: Kennt sich das Publikum mit dem Thema aus oder nicht? Sind es Fachexperten oder Anfänger?

Abhängig davon werden Sie unter Berücksichtigung der Ihnen zur Verfügung stehenden Redezeit Ihre Hauptbotschaft anpassen und den Inhalt wählen. Bei einem nicht technischen Publikum können Sie in derselben Zeit im Hinblick auf die Hauptbotschaft nicht gleich viel erreichen wie bei einem

Publikum, das sich bereits auskennt. Den Inhalt und den Umfang des Inhalts sollten Sie ebenfalls auf das Publikum ausrichten. Experten können Sie beispielsweise gern mit Fachbegriffen, Anglizismen und Abkürzungen beglücken. Anfänger würden sich in diesem Fall aber bereits nach den ersten paar Minuten gedanklich verabschieden. Da kann sich der Anfänger nur wünschen, dass das Sitzungszimmer eine schöne Aussicht hat. Oder er verabschiedet sich sogar physisch durch Verlassen des Raums.

ABBILDUNG 4:
Vier Schlüsselelemente – das Publikum

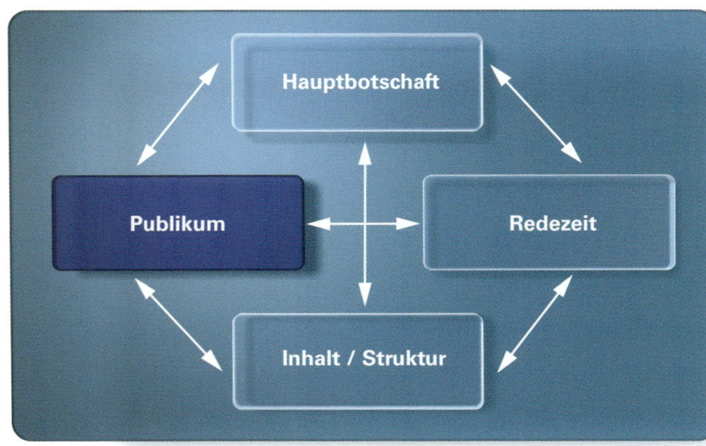

Analyse des Publikums[3]

TIPP
Nehmen Sie sich während der Vorbereitung ein paar Minuten Zeit für die folgende Übung: Setzen Sie sich bequem hin und stellen Sie sich Ihr Publikum vor Ihrem geistigen Auge vor. Wer sitzt da? Was sind das für Menschen?

Anhand der folgenden Dimensionen können Sie das Publikum analysieren.

- **Fachwissen und praktische Erfahrung: Wie gut kennt sich das Publikum im Fachthema aus?**
  - ➤ Vorverständnis/Vorkenntnis
  - ➤ Wissen und Erfahrung im Job, im Labor, bei Projekten, in anderen Branchen

- Sprachgebrauch
- Sprachkenntnisse

– **Die Publikumsgröße hat einen Einfluss auf**
  - die Wahl der Größe des Raums
  - die Akustik
  - die notwendige technische Infrastruktur
  - die Wahl der Hilfsmittel
  - die gesamte Logistik
  - die Atmosphäre
  - die Möglichkeit, auf Einzelne einzugehen
  - den Blickkontakt
  - die Homogenität der Zuhörerschaft
  - die Wahl der Inhalte

– **Demografische Aspekte: Wer sind meine Zuhörenden?**
  - Altersstruktur
  - Anteil Frauen/Männer
  - Ausbildung/Bildungsniveau
  - Berufskategorie
  - Branche/Industrie
  - Position
  - Organisation, Abteilung, Verein, Firma, Club, politische Partei
  - Herkunft/Nationalität
  - Soziale Schicht
  - Religion

– **Informationsbedarf**

Was muss das Publikum wissen? Was ist nett zu wissen? Diese Unterscheidung wird im Englischen als «must have» und «nice to have» bezeichnet. Da der Fachexperte tagelang über ein Thema sprechen könnte, ist sie sehr nützlich, denn sie erlaubt die Beschränkung auf das Wesentliche.

- **Anwendungsgebiet**
  Zu welchem Zweck werden die Informationen, Methoden, Rezepte, Resultate und Empfehlungen eingesetzt?

- **Einstellung zum Thema und zum Redner**
  - Welche Erwartungen haben die Zuschauer an den Referenten?
  - Welche (vorgefassten) Meinungen haben die Zuschauer?
  - Welche Ansichten und eventuellen Vorurteile gibt es im Publikum?
  - Haben die Zuhörer ganz bestimmte Motive für ihre Anwesenheit?
  - Sind die Zuhörer freiwillig dabei?
  - Was interessiert die Zuhörer?
  - Was interessiert sie nicht?
  - Was ist den Zuhörern wichtig?
  - Was ist ihnen gleichgültig?
  - Was wollen sie hören? Was nicht?

Eine Nasenlänge voraus

Der Redner darf nie vergessen, dass er durch seine Vorbereitung den Anwesenden in 98 von 100 Fällen mehrere Nasenlängen voraus ist. Bei ihm ist das Thema noch ganz frisch. Das Publikum ist meist eher unvorbereitet. (Oft ein wesentlicher Grund, weshalb es überhaupt gekommen ist.) Außerdem werden normalerweise Experten gebeten, die Präsentation zu halten – nicht Anfänger. Deshalb sollte der Schwierigkeitsgrad der Inhalte ein Niveau tiefer angesiedelt sein als das Wissen des Präsentierenden. Das heißt: Jemand mit 20 Jahren Erfahrung soll so präsentieren, dass es auch jemand mit fünf Jahren Erfahrung verstehen kann. Ein Professor soll so präsentieren, dass ein Student im ersten Semester folgen kann. Ein Projektleiter soll so präsentieren, dass einer, der relativ neu in dem Projekt ist, ebenfalls versteht, worum es geht. Ein Verkäufer soll so präsentieren, dass der Kunde den Nutzen erkennt.

Wie Sie mit einem heterogenen Publikum umgehen

Eine große Herausforderung bedeuten Teilnehmer mit unterschiedlichem Hintergrund: zum Beispiel Ingenieure, Fachspezialisten, Manager mit einem betriebswirtschaftlichen Hintergrund und Berufsanfänger.

So viel vorneweg: Sie können es nie allen recht machen. Im besten Fall schaffen Sie es, unterschiedliche Termine für die verschiedenen Interessen- und Kenntnisgruppen anzubieten. Wenn aber alle auf einmal bedient werden müssen/wollen, dann eignet sich die Vorgehensweise, wie sie in der folgenden Abbildung[4] dargestellt ist. Zu Beginn geben Sie einen Überblick, den alle verstehen können. Sie tauchen also noch nicht zu stark ins Thema ein. Dann – pro Argument beziehungsweise Information – können Sie bis in die Tiefe beispielsweise einer Studie oder einer Forschungsarbeit vordringen. Danach geht es wieder in Gefilde, wo alle folgen können. Den Schluss bildet eine Zusammenfassung, die für jedermann verständlich ist.

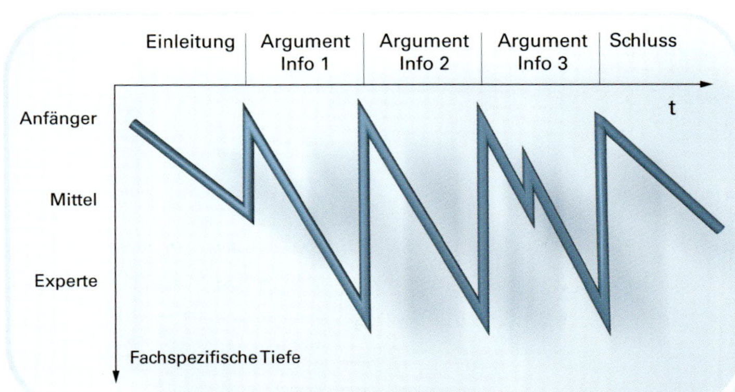

ABBILDUNG 5: Umgang mit einem heterogenen Publikum

Jedes Thema ist interessant

«Aber mein Thema interessiert die doch gar nicht!» Unsinn. Erinnern Sie sich an Ihre Schulzeit. Es war zum wesentlichen Teil abhängig vom Lehrer, ob Sie und die anderen Schüler das Thema interessant fanden oder nicht. Es gab sogar Lehrer, die es geschafft haben, Mathematik interessant zu vermitteln. Wenn Sie das Thema publikumsgerecht aufbereiten, dann steigen Ihre Chancen immens, dass die Zuschauer gebannt zuhören. Wenn Sie zum Beispiel Immunglobulin[5] als Thema haben, dann könnten Sie davon erzählen, wie es einem Bekannten von Ihnen nach einem Aufstieg auf den Mont Blanc das Leben gerettet hat. Dies ist nur ein Beispiel. Die Geschichten, die Sie erzählen, sollen sich auch so zugetragen haben. Erzählen Sie nur wahre Geschichten.

Unerlässlich: die Vorbereitung

TIPP
Bitte schütten Sie das Publikum nicht mit 100 Fakten zu. Lieber die fünf wichtigsten Punkte so erzählen, dass sich das Publikum daran erinnern kann.

«Ich kenne das Thema in- und auswendig. Ich brauche mich nicht vorzubereiten.» Ebenfalls ein Trugschluss. Abhängig vom Publikum müssen Sie das eine oder das andere erzählen. Je nach Publikum ist ein Beispiel geeignet, ein anderes nicht. Je nach Publikum sollten Sie unterschiedliche Hilfsmittel einsetzen.

Nicht vorbereitet zu sein birgt die Gefahr, dass Sie einen schlechten ersten Eindruck machen und einen schlechten letzten Eindruck hinterlassen. Außerdem werden Sie dank der Vorbereitung keine wichtigen Aspekte vergessen.

Tabuthemen

Klassische Tabuthemen sind Sex, Politik und Religion. Wenn Sie diese vermeiden, erspart Ihnen das manch peinliche Situation. Wir sind der Meinung, dass es genug andere Möglichkeiten gibt, seine Präsentation interessant zu gestalten.

Ächz, immer diese Vorbereitungen ...

Wir kommen zur Zusammenfassung. Haben Sie noch Fragen?

AUF DEN PUNKT GEBRACHT
Den roten Faden behalten Sie ganz einfach mit der Clear-Message-Struktur von Skipwith/Rüegger.

Kapitel 2: Nur eine gute Landkarte bringt mich ans Ziel

Im vorigen Kapitel haben wir uns vor Augen geführt, wer im Publikum sitzt. Jetzt betrachten wir das zweite Schlüsselelement – den Inhalt. Der entscheidende Faktor beim Inhalt ist, dass er geschickt gegliedert, geschickt strukturiert sein muss. Als Redner bin ich für das Publikum sozusagen der Reiseführer: Ich sorge dafür, dass meine Gruppe nicht vom Weg abkommt und sicher ans Ziel gelangt. Dafür brauche ich eine gute Landkarte.

Das zweite Schlüsselelement: die Struktur

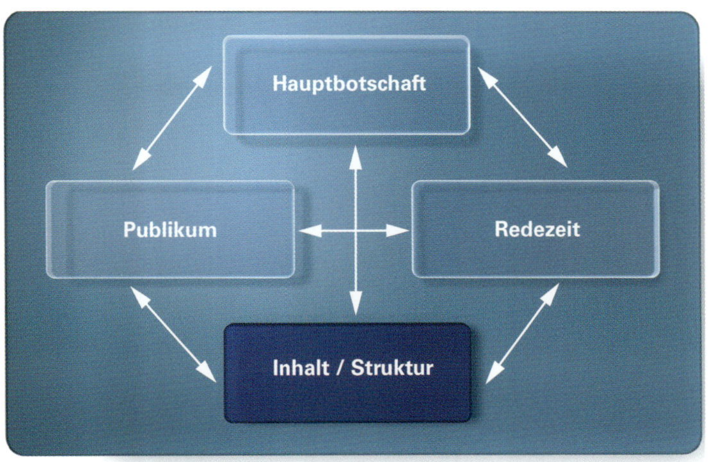

ABBILDUNG 6:
Vier Schlüsselelemente – die Struktur

Eine klare Struktur des Inhalts hilft dem Redner wie auch dem Zuhörer. Der Redner kann sich besser vorbereiten, er kann sich besser erinnern, was er sagen will, und der Zuhörer kann sich besser erinnern, was gesagt wurde.

Aus gutem Grund spricht man vom «roten Faden»: Er hilft dabei, die Botschaft nachzuverfolgen.

Abhängig vom Publikum, vom Ziel und von der zur Verfügung stehenden Zeit wird der Inhalt unterschiedlich ausfallen.

Die Clear-Message-Struktur

Immer wieder müssen oder dürfen Sie aufstehen und reden – im Unternehmen und außerhalb. Die Gelegenheiten sind vielfältig: ein Kongress, eine Mitarbeiterbesprechung, eine Produktpräsentation, die Präsentation eines Forschungsergebnisses, ein Statusbericht, eine Teampräsentation, eine Kundenpräsentation, eine Präsentation vor dem Verwaltungsrat, eine Jahresversammlung, die Begrüßung eines neuen Mitarbeiters und viele mehr.

Egal, welches der Anlass Ihrer Rede ist: Damit Sie bei Ihrem Publikum einen bleibenden Eindruck hinterlassen, empfehlen wir Ihnen, die Rede gut zu organisieren. Damit die Zuhörer nicht abhängen – oder noch schlimmer: einschlafen – wie auf dem folgenden Bild.

ABBILDUNG 7: Der Albtraum (links) und der Traum (rechts) jedes Redners

Nur mit einer klaren Struktur wird es Ihnen gelingen, die Zuschauer zu Standing Ovations von den Sitzen zu reißen. Gerade auf Fachkongressen ist das eine wunderbare Abwechslung und das Ticket zu weiteren Aufträgen, persönlichem Ansehen und Fördergeldern. Standing Ovations tun also nicht nur dem Publikum, sondern auch Ihnen als Redner gut.

Beim Wort Struktur werden viele an ihre Schulzeit erinnert und winken ab. Doch Organisation muss nichts Schwieriges sein. Im Gegenteil: Bei der Organisation einer fachspezifischen Präsentation geht es einzig darum, seine Gedanken geschickt zu ordnen. Damit Ihnen das besonders leichtfällt, haben wir die Clear-Message-Struktur[6] entwickelt.

Die 10 Schritte der Clear-Message-Struktur

Die Clear-Message-Struktur umfasst 10 einfache Schritte:

1. Titel
2. Einleitende Worte
3. Thema
4. Behauptung
5. Selbstpräsentation
6. Überblick
7. Nutzen für das Publikum
8. Argumentation/Information
9. Zusammenfassung
10. Appell

Die Clear-Message-Struktur ist in drei Akte unterteilt: die Einleitung, den Hauptteil und den Schluss. Im Power-Präsentations-Modell ist diese Dreiteilung an der Gliederung in das linke Paneel, die Mitte der Bühne und das rechte Paneel zu erkennen. ➤ **Siehe nächste Seite**

Im Folgenden betrachten wir jeden der 10 Schritte der Clear-Message-Struktur einzeln:

Schritt 1: Titel

Der Titel soll Neugierde beim Publikum auslösen. Er kommt bereits bei der Einladung zur Veranstaltung zum Tragen, denn er hat einen wesentlichen Einfluss darauf, wie viele Personen sich die Zeit nehmen werden, Ihrem Vortrag beizuwohnen. Dies ganz besonders, wenn zum Beispiel bei einem Fo-

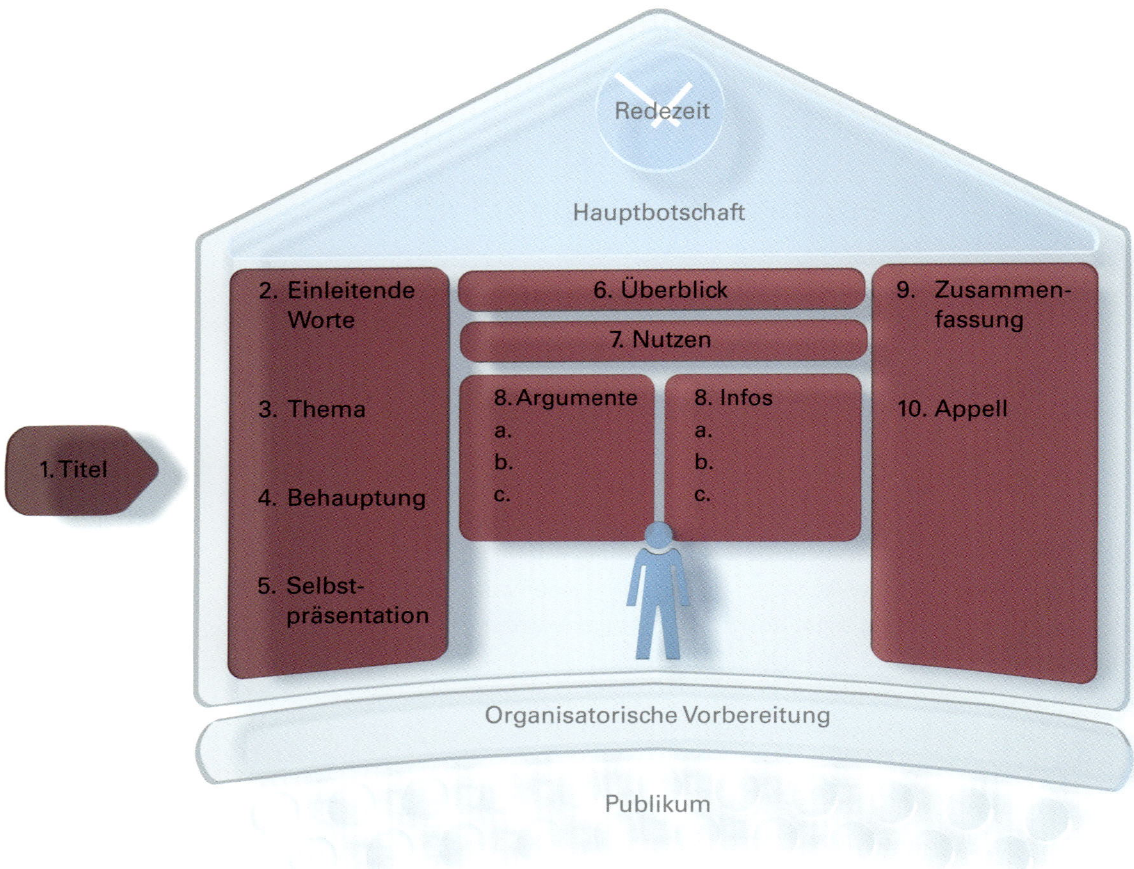

ABBILDUNG 8: Power-Präsentations-Modell: die Clear-Message-Struktur

rum mehrere Präsentationen gleichzeitig stattfinden. Es sei denn, Sie sind die absolute Koryphäe auf Ihrem Gebiet, dann kommen die Leute sowieso.

Unten stehend ein Beispiel für einen Titel (auf einer PowerPoint-Folie) mit Verbesserungspotenzial: Der Titel der Präsentation erscheint uns sehr akademisch. Auch nach dreimaligem Lesen sind wir nicht sicher, dass wir ihn verstanden haben. Verbesserungsvorschläge: «Komplexität lässt sich managen» oder «Es ist nicht alles so einfach, wie es scheint». Außerdem ist die Folie vom Design her nicht besonders attraktiv aufgemacht.

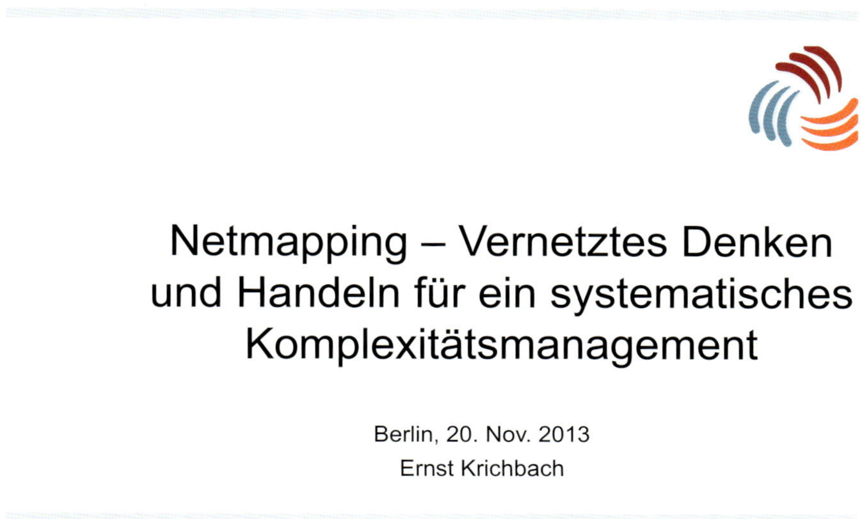

ABBILDUNG 9:
Beispiel für eine Titelfolie mit Verbesserungspotenzial

Längst hat auch die Tagespresse den Nutzen guter Titel erkannt und dafür sogar die Funktion des Titel-Redakteurs eingeführt. Aber was ist ein guter Titel? Diese Frage lässt sich nicht abschließend beantworten. Allerdings gibt es Tipps, wie Sie zu besseren Titeln kommen.

Wählen Sie einen Titel mit einer Prise Überraschung, Originalität, Begeisterung, Verlockung oder Neuigkeitswert. Sie können auch den Nutzen für die Teilnehmenden ansprechen.

Achten Sie zudem darauf, dass der Titel zum Publikum passt. Nichts anderes machen Bücher und Spielfilme. Es gibt viele Beispiele, welche Titel beim Publikum gut angekommen sind: «Der mit dem Wolf tanzt», «Der Herr der Ringe», «Männer sind anders, Frauen auch». Selbstverständlich werden diese Titel nicht alle Leser und Zuhörer ansprechen, aber doch immerhin mehr, als wenn in der Einladung und auf der Folie «Projekt-Steuerungsausschuss» steht.

Ein paar gute Titel aus dem Alltag fachspezifischer Präsentationen:

- Der Weg zur Nummer 1
- Ausgerottet ist für immer
- Leben retten – jedes Mal
- SAP: Bloß ein Sanduhr-Anzeige-Programm?
- In 80 Tagen von 0 auf 100
- Yes, we can!
- Mehr Strand statt Arbeit
- Müll – was geht mich das an?!
- Lieber ein Ende mit Schrecken als ein Schrecken ohne Ende
- Nur der Himmel ist unsere Grenze
- Wir schaffen die Finanzierungsrunde
- In 5 Schritten zum Projekterfolg
- Fußballstadion Zürich. Na und?

Hier eine Beispielfolie, die mit großer Wahrscheinlichkeit die Neugierde des Publikums weckt.

ABBILDUNG 10:
Beispiel für eine spannende Titelfolie[7]

Über den Titel sollten Sie sich erst am Schluss der Vorbereitungen den Kopf zerbrechen. Das soll aber nicht heißen, dass Sie sich dazu nicht schon ein paar Notizen während der Vorbereitung der anderen Teile der Präsentation machen können, wenn Ihnen gerade eine gute Idee kommt.

Schritt 2: Einleitende Worte

Die einleitenden Worte führen zum Thema hin. Sie wärmen das Publikum auf und geben ihm die Gelegenheit, sich an Sie – an Ihre Stimme, Ihr Aussehen, Ihre Ausstrahlung – zu gewöhnen. In dieser Phase können Sie erzählen, was Sie wollen, solange es interessant ist und zum Thema hinführt. Also bitte keinen Witz, der nichts mit der Thematik zu tun hat.

Was Sie genau sagen, hängt ab vom Publikum, von Ihnen, von der Hauptbotschaft, die Sie platzieren wollen, sowie von der zur Verfügung stehenden Vorbereitungs- und Redezeit. ➤ **Mehr zur vollumfänglichen Einleitung in Kapitel 5.**

Über die einleitenden Worte sollten Sie sich erst an vorletzter Stelle Ihrer Vorbereitungen den Kopf zerbrechen, also nach allem anderen, aber vor dem Titel. Natürlich können und sollen Sie sich auch in diesem Fall bereits während der Erarbeitung der anderen Teile gute Ideen notieren.

TIPP

Falls es zum Thema passt, eignen sich für einleitende Worte auch Hinweise auf das Tagesgeschehen. So kann man zum Beispiel mit einem Zitat aus der Tageszeitung ins Referat einsteigen.

Schritt 3: Thema

Nennen Sie das Thema Ihrer Präsentation in einem einzigen Satz. Dieser Satz weist in die generelle Richtung.

Stellen Sie sich vor, Sie stehen im Wald an einer Wegkreuzung und wissen nicht, wohin es nach Hause geht. Sie treffen jemanden und fragen, wo es langgeht. Er zeigt mit der Hand auf den rechten Weg – schon haben Sie die Richtung. Genauso ist es mit Ihrer Präsentation. Geben Sie dem Publikum die generelle Richtung vor – mit einem Satz.

Beginnen Sie die Vorbereitung Ihrer Präsentation mit diesem Schritt. Er sollte Ihnen leichtfallen. Wenn er Ihnen schwerfällt, dann sind Sie noch nicht bereit für die Präsentation. Denn wenn Sie nicht wissen, worüber Sie sprechen wollen, dann wird es ganz schwierig: für alle Beteiligten – auch für Sie.

Damit es Ihnen leichtfällt, das Thema zu formulieren, empfehlen wir Ihnen einen Trick: Benutzen Sie einen Trigger-Satz. Alles, was Sie tun müssen, ist, diesen Trigger-Satz zu vervollständigen. Er lautet: «Ich spreche über (das Thema) ...»

TIPP
Vervollständigen Sie den Trigger-Satz: «Ich spreche über (das Thema) ...»

Beispiele: Ich spreche über (das Thema) ...
... Nuklearenergie.
... Mikrobiologie.
... Altersvorsorge.
... die Anwendung der Relativitätstheorie im Alltag.
... Mathematik.
... Integration des Webshops in die ERP-Software.
... Chili und Schokolade.
... Robotik.
... den Brückenbau in Tibet.
... mikroskopisch kleine Bakterien.
... den Teilchenbeschleuniger am CERN.
... das Internet.
... die Investitionsmöglichkeiten in China.

Folgende Regeln haben sich bewährt, um das Thema geschickt zu formulieren:

- Nennen Sie das Thema in nur einem Satz.
- Der Thema-Satz soll kurz und verständlich sein.
- Der Satz darf keine Wertung enthalten. Also keine Verwendung von Begriffen wie größer, besser, kleiner, schlechter etc. (Die Wertung erfolgt erst im nächsten Schritt.)
- Vermeiden Sie das Wort «und» im Thema-Satz; auf diese Weise bleibt er präzise und kurz.

Schritt 4: Behauptung

Weil die Behauptung/Hauptbotschaft der Kern jeder Rede ist, räumen wir dafür ein eigenes Kapitel ein. ➤ Siehe Kapitel 3.

Schritt 5: Selbstpräsentation

Wenn Sie eine Rede zum Thema Relativitätstheorie von Albert Einstein oder von einem Studenten im ersten Semester hören würden, wem würden Sie eher glauben? Vermutlich werden Sie mit mir übereinstimmen: Sie werden Albert Einstein eher Glauben schenken als dem Studenten. Weshalb? Weil Albert Einstein aufgrund seiner Reputation sofortige Glaubwürdigkeit genießt. Der Student hingegen hat einen schweren Stand.

Einige Zuhörer werden sich Fragen stellen wie die folgenden:
- Hat der überhaupt Ahnung von diesem Thema?
- Wieso spricht der über dieses Thema?
- Was hat der mit diesem Thema zu tun?
- Wieso ist gerade er die richtige Person, um über dieses Thema zu sprechen?

Genauso geht es uns allen, wenn wir einen Vortrag halten. Das Publikum stellt sich diese Fragen auch über uns. Damit wir solche Zweifel aus der Welt schaffen können, gibt es den 5. Schritt der Clear-Message-Struktur: die Selbstpräsentation. Im Folgenden finden Sie ein paar Beispiele, wie Sie Ihre Zuhörer von Ihrer Kompetenz überzeugen.

So gewinnen Sie Ihr Publikum:
- «Wieso spreche ich über dieses Thema? Weil ich bereits seit zehn Jahren in der Forschungsgruppe Robotik R2D2 arbeite. Ich habe zusammen mit meinem Team drei Bücher zum Thema geschrieben. Ich freue mich, dass ich regelmäßig auf Fachkongresse eingeladen werde, um über dieses Thema zu sprechen.»

- «Ich bin eben aus Tibet zurückgekommen. Wir haben dort eine Baustelle 270 Kilometer nördlich von Lhasa betreut, zusammen mit einem Team von 16 Ingenieuren. Eine tolle Herausforderung nach drei Jahren Tiefbauerfahrung in der Schweiz.»
- «Als interessierter Bürger beschäftige ich mich nun seit geraumer Zeit mit dem Thema. Ich habe mich in diesen Sachverhalt tagelang eingelesen.»

Das Publikum denkt jeweils: «Wow, das klingt spannend. Der weiß, wovon er spricht. Dem will ich zuhören. Freue mich auf seine Ausführungen.» Selbstverständlich müssen die Aussagen der Wahrheit entsprechen. Erzählen Sie nie etwas Erfundenes. Das merkt das Publikum in 99 von 100 Fällen. ➤ **Mehr zum Thema Selbstpräsentation in Kapitel 12.**

Leiten Sie nun über zum nächsten Schritt «Überblick» mit einem Satz wie: «Lassen Sie mich Ihnen im Überblick zeigen, mit welchen Argumenten (Informationen) ich meine Behauptung untermauern werde.»

Schritt 6: Überblick

Fachspezifische Präsentationen sind oft lang und komplex. Gerade für diese Art von Präsentationen ist es deshalb angebracht, in der Einleitung einen Überblick über die Inhalte zu geben. Dafür können Sie ohne Weiteres eine PowerPoint-Folie einsetzen. Selbstverständlich können Sie aber auch das Flipchart verwenden. Oder Sie unterstützen das Publikum, indem Sie mit den Fingern bei der Aufzählung Ihrer Argumente mitzählen.

Bei überzeugenden (im Unterschied zu informierenden) Präsentationen ist es dagegen meist besser, vorab keinen Überblick zu geben. Das würde die Katze zu früh aus dem Sack lassen.

Schritt 7: Nutzen für das Publikum

Überlegen Sie sich: Welches ist der Nutzen für das Publikum? Was hat das Publikum davon? Das Publikum stellt sich nämlich normalerweise die Frage: Was schaut dabei für mich raus?

Wenn Sie Ihren Zuhörern einen Nutzen aufzeigen können, dann sind sie auch viel eher bereit, Ihnen zuzuhören. Es ist wie beim Verkauf eines Produkts: Wenn der Kunde seinen Nutzen erkennt, dann wird er auch kaufen.

Ein Beispiel: «Ich behaupte, dass die neue Weizensorte Einsparungen von 30 Prozent bringt. Was haben wir davon? Das hilft, unseren Arbeitsplatz zu sichern.» Im Geschäftsumfeld fragen Sie sich, was Ihre Zielgruppe wirklich interessiert: Wofür sind die Personen im Publikum eingestellt, wofür werden sie entlohnt oder befördert? Welches ist ihre Aufgabe?

Damit Sie leichter den Nutzen für das Publikum formulieren können, setzen Sie am besten einen der folgenden Trigger-Sätze[8] oder eine der folgenden rhetorischen Fragen ein:

Geeignete Trigger-Sätze und rhetorische Fragen:

- Das ist wichtig, weil …
- Was bedeutet das für Sie/uns?
- Was haben Sie/wir davon?
- Warum erzähle ich Ihnen das?
- Hier ist der springende Punkt, weshalb Sie das interessieren sollte: …

Zur Ergänzung der Trigger-Sätze beziehungsweise zur Beantwortung der rhetorischen Fragen empfehlen wir Ihnen, wie in der Werbebranche vorzugehen:

Sprechen Sie die folgenden Motivatoren (Nutzen) an:

- Profit
- Geld
- Wohlstand
- Einsparpotenziale
- Vergnügen, Spaß
- Anerkennung
- Bewunderung
- Ruhe
- Sicherheit

Wenn Sie den Nutzen herausstellen, wird dem Publikum klar, was es ihm bringt. Wenn Sie ihn zusätzlich mit einer Emotion oder einem Gefühl kombinieren, dann wird Ihre Präsentation noch stärker.

Schritt 8: Argumentation oder Information

Mit diesem Schritt folgt die Argumentation für eine überzeugende Präsentation beziehungsweise die Information für eine informierende Präsentation. Also das Fleisch am Knochen. Leiten Sie mit einem geeigneten Satz zu diesem Schritt der Clear-Message-Struktur über: «Ich komme zurück auf meine Behauptung. Ich behaupte, dass ...»

Die Argumentation beziehungsweise Information baut auf dem Thema (Schritt 3) und der Behauptung (Schritt 4) auf.

TIPP
Die Clear-Message-Struktur bleibt für eine überzeugende und für eine informative Präsentation praktisch gleich. Unterschied: Statt Argumenten liefern Sie bei Letzterer Informationen.

Die wichtigsten Regeln für Schritt 8:

- Bei der Vorbereitung können Sie Ihren Ideen freien Lauf lassen. Für die Präsentation nicht: Bringen Sie hier nur die relevantesten Punkte.
- Beschränken Sie sich auf maximal sieben Argumente/Informationen. Mehr kann das Publikum nicht aufnehmen. Oft reichen bereits drei.
- Für eine informierende Präsentation vermitteln Sie die unterstützenden Informationen. Beispiel:
  Behauptung: Nach meiner Präsentation kennen Sie die vier Ps des Marketingmix.
  - Information A: Produkt (Product)
  - Information B: Preis (Price)
  - Information C: Kommunikation (Promotion)
  - Information D: Distribution (Place)
- Für eine überzeugende Präsentation führen Sie die entsprechenden Argumente auf. Beispiel: Behauptung: Sie sollten für jedes Konto ein eigenes Passwort anlegen.
  - Argument A: Verlustgefahr
  - Argument B: Sicherheit
  - Argument C: Identifikation

- Nennen Sie nur Argumente oder Informationen, welche für die Behauptung wirklich relevant sind.
- Zur Argumentation gehört auch die Entkräftung von Gegenargumenten.
- Sie können auch gern Fallbeispiele, Fallstudien und/oder Referenzfälle einbauen, um Ihre Argumente und Informationen zu untermauern.
- Das letzte Argument soll den Höhepunkt Ihrer Argumentation bilden. Es soll das stärkste Argument sein, weil es die letzte Chance ist, Einfluss auf das Publikum zu nehmen.
- Fassen Sie sich dennoch kurz. Das letzte Argument soll kürzer sein als die anderen Argumente.
- Machen Sie einen starken Abschluss. Bereiten Sie sich deshalb gründlich vor und lernen Sie Ihre letzten Sätze auswendig. Halten Sie festen Augenkontakt mit dem Publikum.

➤ **Nach den nun folgenden Einschüben zum Sammeln und Gliedern von Ideen sowie zur Breite und Tiefe Ihrer Ausführungen geht es weiter mit Schritt 9 auf Seite 41.**

Die Post-it-Methode

Die Arbeit mit Post-it-Zetteln hat eine ganze Reihe von Vorteilen. Sie können Ihre Ideen damit einfach an die Wand kleben, umsortieren, wegnehmen, ändern oder neue Ideen hinzufügen. Bei der Entwicklung dieses Buches haben wir auch die Post-it-Methode eingesetzt. Die ganze Fensterfront unseres Büros war voll mit Zetteln zu Titeln, Untertiteln und Grafiken. Danach haben wir sie sortiert und in eine Gliederung gebracht. Genauso können Sie beim Entwickeln von Präsentationen vorgehen.

ABBILDUNG 11:
Mit der Post-it-Methode sparen Sie sich eine Menge Zeit.

Gruppierung der Aussagen

Möglichkeiten für die Gruppierung Ihrer Aussagen:

- Von simpel zu komplex
  Beispiel: Wie können wir die Umwelt schützen: im Haushalt, in der Gemeinde, auf der Erde?
- Von der Ursache zur Wirkung
  Beispiel: Die Weltbevölkerung wächst. Immer mehr Haushalte haben eine Klimaanlage. Der Stromverbrauch nimmt zu. Um den Stromverbrauch zu decken, werden immer neue Kohlekraftwerke gebaut. Das führt zu zunehmender Umweltverschmutzung.
- Von der Wirkung zur Ursache
  Beispiel: Schauen Sie sich dieses Bild der Antarktis an. Das Eis ist so stark geschmolzen, dass jetzt Schiffe problemlos durchfahren können. Die Ursache: der Treibhauseffekt.

- Vom Problem zur Lösung
  Beispiel: Unser Problem: Unser Wasser ist nicht mehr sauber. Es ist durch Fäkalien verschmutzt. Die Lösung: Wir investieren in Abwasserkläranlagen.
- Nach den einzelnen Merkmalen (Aufzählung)
  Beispiel: Beschreibung verschiedener Arten von Umweltverschmutzungen
- Nach der Zeit
  Beispiel: Wie hat sich die Umwelt im Verlauf der letzten 25 Jahre verändert?

Breite und Tiefe der Ausführungen[9]

Wie weit soll man bei einer fachspezifischen Präsentation in die Breite und in die Tiefe gehen? Es kommt auf die Umstände an. Bei einer Projektpräsentation ist die Breite fast gänzlich vorgegeben, bei einem Forschungsbericht bestimmen Sie die Breite selbst.

Je nach den Bedürfnissen des Publikums, Ihrem Ziel und der zur Verfügung stehenden Zeit werden Sie mehr oder weniger in die Breite und mehr oder weniger in die Tiefe gehen. Dies kommt in der folgenden Grafik (siehe nächste Seite) zum Ausdruck. Die beiden bläulichen Segmente sind flächenmäßig betrachtet gleich groß: Abhängig davon, ob Sie mit Ihren Ausführungen mehr oder weniger in die Tiefe gehen, werden Sie mehr oder weniger in die Breite gehen können.

Schritt 9: Schluss

Der vorletzte Schritt der Clear-Message-Struktur ist der Schluss. An dieser Stelle Ihrer Präsentation empfehlen wir Ihnen, das Gesagte zusammenzufassen UND die Behauptung zu wiederholen. Beispiel: «... Deshalb bin ich der Meinung: Wir werden nie ohne Nuklearenergie auskommen.»

ABBILDUNG 12:
Breite und Tiefe einer Präsentation hängen zusammen.

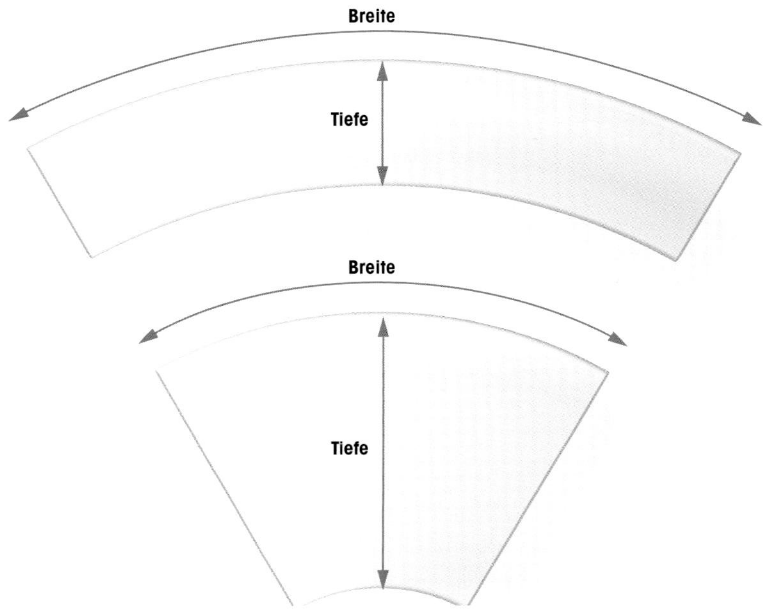

Die folgenden Punkte sollten Sie beachten:

- Leiten Sie die Zusammenfassung mit einem Orientierungssatz ein. Beispiele: «Ich fasse zusammen.» «Ich komme nun zum Schluss.» «Die Moral von der Geschichte ist: ...»
- Geben Sie eine kurze Zusammenfassung Ihrer Argumente/Informationen.
- Wiederholen Sie die Behauptung.
- Am elegantesten: Schließen Sie den Kreis. Greifen Sie hierfür die einleitenden Gedanken am Schluss noch einmal auf. Beispiel Nuklearenergie: «Denn auch bei unseren Kindern soll der Strom einfach aus der Steckdose kommen.»

Schritt 10: Appell

Vermutlich möchten Sie, dass das Publikum nach Ihrer Präsentation etwas tut oder zumindest etwas Bestimmtes denkt. Damit das geschieht, müssen Sie ihm sagen, was es machen oder denken soll. Fordern Sie es zum Handeln auf. Ein Beispiel: «Geben Sie mir deshalb zusätzlich ein Budget von 50.000 Euro, damit dieses Projekt mit Erfolg und rechtzeitig abgeschlossen werden kann.»

Der Appell darf nicht allgemein bleiben (also nicht: «Ich freue mich, wenn Sie mich unterstützen»), sondern er ist idealerweise so formuliert, dass die Zuhörer sofort etwas tun können. Beispiel: «Schicken Sie mir als Erstes, wenn Sie morgen ins Büro kommen, eine E-Mail mit Ihren Erfahrungen mit den Behörden in Kasachstan.» Noch besser: «Werfen Sie Ihre Visitenkarte in die Urne am Ausgang.»

TIPP

Wenn Sie eine letzte Folie einsetzen wollen, dann eine mit Ihrer Hauptbotschaft darauf. Auf keinen Fall eine Folie mit der Aufschrift: «Vielen Dank für Ihre Aufmerksamkeit!» Das würde einen wesentlichen Teil Ihrer Überzeugungsarbeit zunichte machen.

Reihenfolge der Vorbereitung

Wie sollen Sie in der Vorbereitung die 10 Schritte angehen? Einfach chronologisch von 1–10? Nein, wir empfehlen Ihnen, die 10 Schritte in einer anderen Reihenfolge zu erarbeiten, als Sie sie schließlich präsentieren werden. Nämlich in der folgenden:

Reihenfolge der Vorbereitung	Reihenfolge der Präsentation
1. Thema	1. Titel
2. Behauptung	2. Einleitende Worte
3. Nutzen für das Publikum	3. Thema
4. Argumentation / Information	4. Behauptung
5. Selbstpräsentation	5. Selbstpräsentation
6. Appell	6. Überblick
7. Einleitende Worte	7. Nutzen für das Publikum
8. Überblick	8. Argumentation / Information
9. Zusammenfassung	9. Zusammenfassung
10. Titel	10. Appell

ABBILDUNG 13:
Reihenfolge der einzelnen Schritte in der Vorbereitung und bei der Präsentation

Dank der Reihenfolge der Vorbereitung werden Sie sich von Beginn an auf das Wesentliche konzentrieren: auf das Thema und die Behauptung.

Zusammenfassung der Clear-Message-Struktur

In der folgenden Abbildung sind noch einmal die wichtigsten Punkte zur Clear-Message-Struktur kurz zusammengefasst.

ABBILDUNG 14:
Das Wichtigste zur Clear-Message-Struktur auf einen Blick

Schritt	Erklärung
1. Titel	Weckt die Neugierde (vorher)
2. Einleitende Worte	Führen hin zum …
3. Thema	… Thema. Das Thema gibt die generelle Richtung an. Nur ein Satz!
4. Behauptung	Hauptbotschaft. Nur ein Satz!
5. Selbstpräsentation	Persönlicher Bezug zum Thema
6. Überblick	Punkte, welche behandelt werden (nur bei längeren Präsentationen)
7. Nutzen für das Publikum	Was hat das Publikum davon?
8. Argumentation / Information	Baut auf Thema und Behauptung auf Behauptung ist das Bindeglied zu den Argumenten / Informationen, maximal 7 Spannung langsam aufbauen Stärkste Aussage zum Schluss
9. Zusammenfassung	Zusammenfassen, Behauptung wiederholen
10. Appell	Was soll das Publikum tun?

Bei einer 45-minütigen Rede dauert die Einleitung (Punkte 2–5) schätzungsweise 5 Minuten, der Hauptteil (Punkte 6–8) 35–40 Minuten und der Schluss (Punkte 9–10) 1–3 Minuten.

SOS
Captain
Bee-meer

AUF DEN PUNKT GEBRACHT
Machen Sie klar, worum es in der Präsentation geht – mit einer klaren Hauptbotschaft.

Kapitel 3: Versteht das Publikum nur Bahnhof?

Leider gibt es nur allzu viele Redner, die nie klipp und klar formulieren, welches ihr Anliegen und welches ihre Hauptbotschaft[10] ist. So selbst erlebt beim Vortrag eines Botschafters der Europäischen Union mit dem Titel «EU – Schweiz: Souveränität in Gefahr?». Er hat während seines Vortrags die Hauptbotschaft nie explizit ausgesprochen. Wahrscheinlich hätte sie lauten sollen: «Die Souveränität der Schweiz lässt sich in einer globalisierten Welt nicht aufrechterhalten.»[11] Es lässt sich nur vermuten, dass er aus diplomatischen Gründen dem Schweizer Publikum nicht zu stark auf die Füße treten wollte.

Das dritte Schlüsselelement: die Hauptbotschaft

Eines haben alle Präsentationen gemeinsam: Egal, welches Thema Sie präsentieren, immer werden Sie etwas behaupten. Die Behauptung ist Ihre Hauptbotschaft, Ihr Schlüsselsatz. Die Behauptung ist das wichtigste Ele-

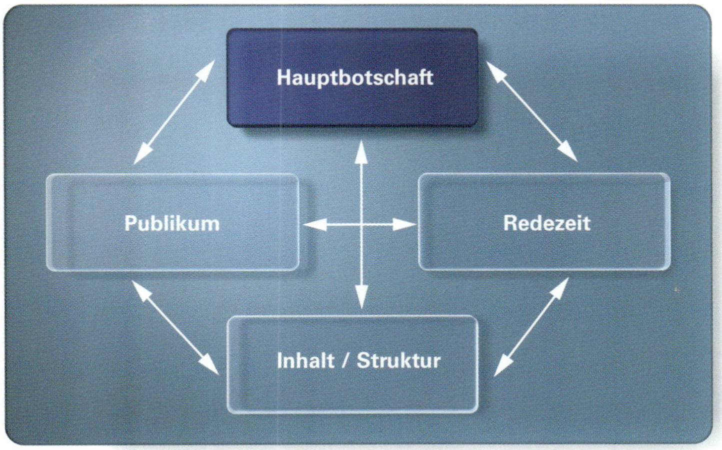

ABBILDUNG 15: Vier Schlüsselelemente – die Hauptbotschaft

ment Ihres roten Fadens. Hier wird dem Publikum (und Ihnen selbst!) klar, worauf Sie hinauswollen. Weil dieser Satz so wichtig ist, können Sie ihn auch ruhig in Schritt 4 der Clear-Message-Struktur zweimal wiederholen.

Die Hauptbotschaft muss auf das Publikum, die Redezeit und den geplanten Inhalt abgestimmt werden. Verlassen Sie sich nicht darauf, dass Ihnen «dann schon etwas einfallen wird».

Zwischen den vier Schlüsselelementen findet ein iterativer Prozess statt, speziell zwischen der Hauptbotschaft und dem Inhalt mit den Argumenten. Wenn Sie merken, dass die Argumente gut sind, aber nicht zur Hauptbotschaft passen, dann müssen Sie vermutlich die Hauptbotschaft ändern. Wenn Sie aber sicher sind, dass die Hauptbotschaft so stimmt, müssen Sie die Argumente ändern oder neue Argumente suchen. Im Folgenden finden Sie ein Beispiel dafür, wie ein Argument die Hauptbotschaft nicht unterstützt.

Hauptbotschaft und Argument

- Hauptbotschaft: Die Nano-Versiegelung der Außenfenster erhöht den Wohnkomfort.
- Ein (schlechtes) Argument: Die Fenster haben einen Flächenwiderstand von 5 Ω bis10 kΩ.
- Abgesehen davon, dass möglicherweise nicht jedem klar ist, was Ohm bedeutet und was ein guter Wert ist, wird mit diesem Argument die Behauptung nicht (direkt) unterstützt. Es ist nicht in einem Schritt einsichtig, weshalb ein Flächenwiderstand zu höherem Wohnkomfort führen soll. Zumindest wäre hier ein weiterer Argumentationsschritt notwendig.
- Ein besseres Argument: Die Fenster müssen weniger oft geputzt werden.

Allgemeines Ziel einer Rede

Damit es Ihnen leichter gelingt, Ihre Hauptbotschaft zu finden, können Sie sich die vier grundsätzlichen Ziele von Reden vor Augen halten:

Will ich informieren, überzeugen, unterhalten oder inspirieren?

1. Informieren

   Sie wollen die Zuhörer informieren – über ein neues Produkt, eine neue Dienstleistung, eine neue Anwendung, eine neue Erfindung, einen neuen Prozess. Es geht bei der informierenden Rede darum, dass das Publikum über ein Thema etwas Neues oder Zusätzliches erfährt oder eine neue Fertigkeit erlangt. Typischerweise werden informierende Präsentationen bei Vorlesungen, im Unterricht, im Training, bei Schulungen und Vorführungen gehalten.

   Nach der informierenden Präsentation wissen die Teilnehmer, wie etwas geht, wie sich etwas zusammensetzt. Zum Beispiel wissen sie, wie die neue Produktionsstraße funktioniert. Sie sind aber noch nicht (unbedingt) motiviert, etwas zu tun.

2. Überzeugen

   Sie wollen die Zuhörer überzeugen – sie sollen ihr Verhalten oder ihre Einstellung ändern.

   Nach einer erfolgreichen, überzeugenden Präsentation sind die Zuhörer bereit, etwas (anders) zu machen oder zu denken. Der Präsentierende hat als Ziel, dass das Publikum etwas in die Tat umsetzt, zum Beispiel dass einem Projektantrag vom Verwaltungsrat stattgegeben wird. Der Klassiker der überzeugenden Präsentation ist die Verkaufspräsentation. Diese Art von Präsentation sollte immer mit einem Appell, einer Aufforderung enden.

3. Unterhalten

   Eine unterhaltende Rede hat das gleiche Ziel wie viele Kinofilme: Sie soll ein angenehmer Zeitvertreib sein. Sie erreichen dies am einfachsten mit Geschichten, Anekdoten und Humor. Beispielsweise eignet sich eine unterhaltende Rede für ein Jahresabschlussessen.

4. Inspirieren

   Die inspirierende Rede richtet einen starken emotionalen Appell an das Publikum, sich persönlich, emotional, beruflich oder spirituell zu verbessern. Diese Art Rede spricht edlere Motive an.

Wir empfehlen Ihnen, unterhaltende Elemente in jede Rede einzubauen. Unsere Erfahrung hat gezeigt, dass Sie damit in fast allen Fällen besser ankommen, als wenn Sie staubtrocken vortragen. Es ist wie in der Schule: Der Lehrer, der seine Inhalte gut rüberbringt, ist beliebt und hat mehr Erfolg, den Stoff bei den Schülern zu verankern. Genauso ist es in der Geschäftswelt. Reichern Sie Ihre Inhalte an. Salzen Sie Ihre Suppe respektive Ihre Präsentation.

Eine überzeugende Präsentation wird mit logischen Argumenten gehalten – im Unterschied zu einer inspirierenden Rede, die primär die Gefühle und Emotionen der Zuhörer anspricht.

Das Wissen um Ihr allgemeines Ziel hilft Ihnen beim nächsten Schritt: der Formulierung Ihrer Behauptung.

Wie soll die Behauptung formuliert werden?

Bewährte Regeln:

- Die Behauptung soll, wie das Thema, nur einen einzigen Satz umfassen.
- Halten Sie den Satz kurz. So kurz, dass er leserlich auf die Rückseite einer Visitenkarte passt.
- Vermeiden Sie das Wort «und» in der Behauptung. Auf diese Weise stellen Sie sicher, dass Sie nicht plötzlich zwei Behauptungen haben.
- Vermeiden Sie Argumente in Ihrer Behauptung. Sie gehören zu Schritt 8 der Clear-Message-Struktur.

Damit es Ihnen leichter fällt, die Behauptung zu formulieren, empfehlen wir Ihnen wieder einen Trick: Benutzen Sie auch hier (analog zu den Thema-Sätzen im vorigen Kapitel) einen Trigger-Satz. Der Trigger-Satz für die Behauptung lautet: «Ich behaupte, dass ...» Sie müssen ihn nur noch vervollständigen.

Beispiele: Ich behaupte, dass ...
... wir nie ohne die Nuklearenergie auskommen werden.
... die Mikrobiologie der Schlüssel für den Standort Deutschland ist.
... das bisherige System die Altersvorsorge nicht finanzieren kann.
... die Relativitätstheorie besonders in fünf Bereichen des Alltags vorkommt.
... die Mathematik die Mutter aller Wissenschaften ist.
... sich unser Webshop nahtlos und problemlos an die ERP-Software anbinden lässt.
... Chili und Schokolade die zarteste Versuchung sind, seit es Schokolade gibt.
... die ETH Zürich die Abteilung Robotik mit 200 Millionen Euro Forschungsgeldern unterstützen sollte.
... der Brückenbau in Tibet drei ganz besondere Herausforderungen mit sich bringt.
... Sie nach meiner Präsentation wissen, was es für mikroskopisch kleine Bakteriensorten gibt.
... Sie die Funktionsweise des Teilchenbeschleunigers im CERN verstehen.
... das Internet eine Produktivitätssteigerung von 50 Prozent in nur drei Jahren für unsere Firma gebracht hat.
... Sie die wesentlichen Chancen und Gefahren von Investitionen in China abwägen können.

Die Stärke der Clear-Message-Struktur liegt in der klaren Formulierung der Behauptung. Sie werden gezwungen, klar zu denken beziehungsweise auszudrücken, was Sie sagen (wollen).

Einfachheit

Die Hauptbotschaft muss einfach sein. Einfach heißt: Konzentration auf einen Punkt. Denn: «Wenn alles wichtig ist, dann ist nichts wichtig. Wenn alles erste Priorität hat, dann hat nichts Priorität.»[12]

TIPP

Überlegen Sie sich immer: Was will ich überhaupt sagen? Und wie würde ich die Hauptbotschaft meiner Rede meiner (Schwieger-) Mutter erklären?

Das Publikum kann sich die Hauptbotschaft dann besonders gut merken, wenn Sie diese wiederholen. Mehrmals. Denken Sie an die berühmte Rede von Martin Luther King «I have a dream» (Ich habe einen Traum).[13] Diese Hauptbotschaft wiederholte er achtmal innerhalb von 2,5 Minuten.[14] So hat sie sich in den Köpfen der Zuhörer eingebrannt.

Die Hauptbotschaft ist nicht nur wichtig, sondern auch nützlich. Sie zwingt Sie in der Vorbereitung, genau zu denken. Und sie macht Ihre Aussagen während der Präsentation klipp und klar.

Übrigens: Einfachheit ist nicht nur nützlich für die Hauptbotschaft, sondern für die gesamte Rede. Wir empfehlen Ihnen, das Publikum nicht mit fachspezifischen Informationen zu überschütten, sondern sich lieber auf ein paar wenige Punkte zu konzentrieren. Bringen Sie diese wenigen Punkte so, dass sich das Publikum daran erinnern kann.

10/200
Wollte er nicht um 12:00 Uhr fertig sein?
Gute Frage. Ich bin gespannt, wie er die restlichen 189 Folien rüberbringt.

AUF DEN PUNKT GEBRACHT
Halten Sie sich an die zur Verfügung stehende Redezeit.

Kapitel 4: Zeit ist Geld

Fidel Castro soll einmal eine Rede von über 24 Stunden gehalten haben. Wie er sein Publikum bei der Stange halten konnte, ist uns bis heute ein Rätsel. Wir können uns nur vorstellen, dass er es mit vorgehaltener Pistole gezwungen hat, zu bleiben und zuzuhören (oder wenigstens so zu tun, als ob).

Die Zeit einer Präsentation ist beschränkt. Immer.[15] In 99 von 100 Fällen haben Sie mehr zu erzählen, als in der zur Verfügung stehenden Zeit Platz hat. Kein Wunder, denn Sie sind der Fachexperte. In unseren Präsentations-Coachings erweist es sich deshalb fast immer als Herausforderung, wenn sich der Coachee kurz fassen und sich auf das Wesentliche beschränken soll.

Das vierte Schlüsselelement: die Redezeit

Die Zeit beeinflusst, welche Hauptbotschaft Sie transportieren können. Sie beeinflusst ebenfalls die Menge des Inhalts und dessen Gliederung. Bei einem Fachpublikum können Sie in derselben Zeit mehr Inhalte abdecken als bei Unwissenden.

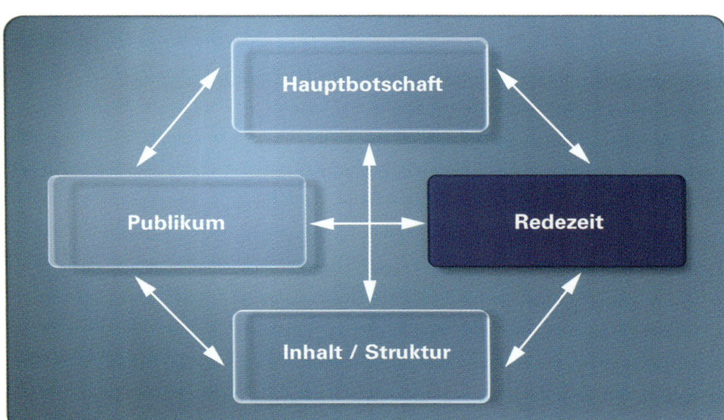

ABBILDUNG 16:
Vier Schlüsselelemente – die Redezeit

Wenn viel Zeit für die Präsentation zur Verfügung steht, dann können Sie mehr (ein höheres Ziel) erreichen, als wenn Sie wenig Zeit haben. In 5 Minuten können Sie Ihrem Publikum beispielsweise nicht beibringen, wie man eine Buchhaltung führt, die Grundprinzipien einer Bilanz aber schon.

Die Zeit einhalten

Wenn ein Redner die Zeit einhält, spricht das für seine gute Vorbereitung. Darüber hinaus beweist er damit seine Rücksichtnahme auf die Zuhörer und den Nachredner. Derjenige, der die vorgegebene Zeit überschreitet, macht oft nicht nur sich selbst, sondern auch das Publikum und den Nachredner nervös. Das Publikum wird nervös, weil es in die nächste Sitzung muss, der nächste Redner, weil seine Redezeit um die Zeit gekürzt wird, die der Vorredner überzogen hat.

TIPP

Je weniger Redezeit zur Verfügung steht, desto mehr Zeit brauchen Sie für die Vorbereitung. Winston Churchill soll gesagt haben: «Wenn ich nur 2 Minuten reden darf, brauche ich 2 Stunden zur Vorbereitung. Darf ich aber 2 Stunden reden, dann kann ich gleich anfangen.»

Damit die Redezeit eingehalten wird, ist es in angelsächsischen Ländern bei Kongressen sogar häufig üblich, dass ein Redner kurz vor Ablauf seiner Redezeit wie bei einer Verkehrsampel erst ein grünes, dann ein gelbes und zum Schluss ein rotes Licht gezeigt bekommt. Das ist wie ein Countdown. Bei Rot ist die Zeit abgelaufen. So geht man heute auch bei den weltweit mehr als 12.000 Toastmasters Clubs[16] vor. Bei einer Großveranstaltung eines Software-Konzerns haben wir erlebt, dass auch weltberühmte Redner mit Musik zeitgerecht einfach «abgeschnitten» wurden. Unschön, wenn Sie so Ihre Rede beenden müssen.

Was tun bei Kürzung oder Verlängerung der Redezeit?

Ihre Vorbereitung soll Ihnen zu präsentieren erlauben, selbst wenn die zur Verfügung stehende Zeit verkürzt oder verlängert wird. Jemand, der sich mit einer Mind-Map vorbereitet hat, ist besonders gut in der Lage, die Zeit im Griff zu behalten: Hat er viel Zeit, kann er jeden einzelnen Ast und Nebenast im Detail erklären; hat er wenig Zeit, erklärt er nur die Hauptäste. Die Mind-Map-Methode ist ideal, um am Schluss in jedem Fall eine ganzheitliche Präsentation gehalten zu haben. Mithilfe einer geschickten Vorbereitung und/oder einer Mind-Map wird die Präsentation skalierbar.

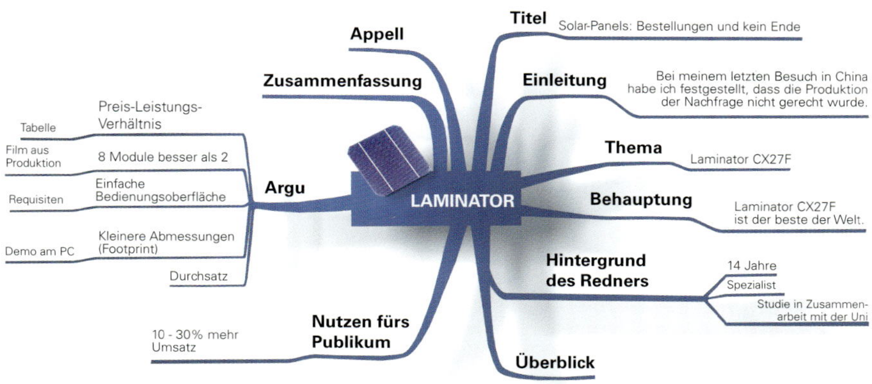

ABBILDUNG 17:
Eine Mind-Map ist besonders gut skalierbar.

Zeit für Fragen und Antworten

Wenn Ihnen 30 Minuten für eine Präsentation zur Verfügung stehen, dann empfehlen wir Ihnen, 20 Minuten zu reden und 10 Minuten lang Fragen zu beantworten. Grundsätzlich sollten Sie das zeitliche Verhältnis zwischen der Präsentation und den Fragen und Antworten auf das Publikum und auf Ihren Vortragsstil abstimmen. Manchmal verlangt das Publikum nach viel Zeit für Fragen. Außerdem gibt es Redner, die erst in diesem Teil richtig in Fahrt kommen. Dementsprechend sollten Sie ihn gewichten.

Sehr geehrte Damen und Herren, ich freue mich, hier zu sein.
* * * * *
Bor-Inn
Ja, zum Glück konnte er das ablesen …
Wow! Den Faden nicht verloren!

AUF DEN PUNKT GEBRACHT

Kommunizieren Sie fachspezifische Informationen mit Emotionen, Humor und Auflockerungen. Erarbeiten Sie eine packende Einleitung zu Ihrer Rede.

Kapitel 5: Wie oft kann ich einen ersten Eindruck machen?

Räusper. Ein nervöses Kratzen an der Nase. Krawatte geradeziehen. Räusper: «Äh. Sehr verehrte Damen und Herren. Ich möchte mich bedanken, dass ich heute bei Ihnen vorbeikommen darf, um mich und unser Produkt vorzustellen. Ich möchte, äh, Ihnen unsere Weltneuheit, unseren Wasserkocher AX35-6-PS, präsentieren. Mein Name ist, äh, Detlev Schmalz ...»

Oft beginnen fachspezifische Präsentationen mit solch einem Einstieg. Man bedankt sich (der Dank wird häufig sogar noch vom Manuskript oder von der Folie abgelesen), stellt sich mit monotoner Stimme vor und die Zuschauer schlafen dabei ein. Glücklicherweise geht es auch anders – mit Witz, Humor und packenden Auflockerungen. Vergessen Sie nie: Der erste Eindruck zählt. Wenn Sie etwas Fachspezifisches präsentieren möchten, dann entscheidet der Käufer innerhalb der ersten 30 Sekunden, ob er Ihnen wohlgesinnt ist oder gar von Ihnen kaufen will oder nicht. Länger haben Sie nicht Zeit. Der erste Eindruck muss sitzen, und zwar von Anfang an. Klar. Direkt. Frech. Aber aufgepasst, er soll zu Ihnen passen – und zum Publikum. Wählen Sie Ihren persönlichen Stil und gehen Sie an Ihre ganz persönliche Grenze des für Sie Zumutbaren – vielleicht sogar etwas darüber hinaus. Mutige dürfen gern ihre Komfortzone verlassen.

Aber wie, fragen Sie sich, sollten Sie so etwas tun? Sie sind ja kein Schauspieler und schon gar kein Komödiant. Ganz einfach: Nehmen Sie die drei folgenden Zutaten zur Hand und streuen Sie sie in Ihre Rede oder Präsentation ein. Vor allem am Anfang, in den ersten paar Minuten, denn für den ersten Eindruck haben Sie nur einmal die Gelegenheit: das erste Mal. Sie brauchen eine packende Einleitung!

Man nehme …
- Storytelling
- Emotionen/Gefühle
- Humor

… und füge alles dem vorhandenen, geballten (fachspezifischen) Wissen hinzu. Sanftes Einrühren vorausgesetzt!

Mit einer guten Einleitung sorgen Sie für ein Ihnen wohlgesinntes Publikum. Sie ist die Visitenkarte Ihrer Präsentation und natürlich auch von Ihnen selbst.

Die Einleitung bestimmt die Qualität Ihrer Präsentation und deren weiteren Verlauf. Nehmen Sie sich deshalb bei der Vorbereitung der Rede genügend Zeit dafür. Bevor Sie Ihre Einleitung entwickeln und schreiben, vergewissern Sie sich, unter welchen Voraussetzungen Sie Ihre Präsentation halten werden. Werden Sie unter normalen, gewöhnlichen Bedingungen präsentieren? Oder werden Sie erschwerte Bedingungen vorfinden? Vielleicht müssen Sie mit bestimmten äußeren Einwirkungen oder gar einem Ihnen abgeneigten Publikum rechnen? Die Antworten auf diese Fragen bestimmen die Form Ihrer Einleitung.

Vier Hauptziele einer Einleitung

Mit einer packenden Einleitung sollten Sie vier Hauptziele verfolgen:
1. Das Interesse des Publikums für Ihr Thema und das Ziel der Rede wecken.
2. Ihr Publikum auf das Hauptthema der Rede inhaltlich vorbereiten.
3. Ihr Publikum soll erkennen, wieso es Ihnen in den kommenden Minuten zuhören soll.
4. Ihr Publikum soll Ihnen und Ihrem Thema gegenüber wohlgesinnt sein.

Diese Ziele erreichen Sie am besten mit den bereits erwähnten Zutaten Storytelling, Emotionen, Gefühle und Humor. Positionieren Sie Ihre Rede mit Grund und Zweck, wie es in Kapitel 3 zum Punkt Behauptung behandelt wird. An dieser Stelle können Sie bereits einen Nutzen einfließen lassen.

Bei der Entwicklung Ihrer Einleitung sollten Sie sich auch durch geeignete Fragen auf Ihr Publikum einstimmen. Sie sind im folgenden Kasten aufgeführt.

Stellen Sie sich auf das Publikum ein:

- Was beschäftigt mein Publikum wirklich im Zusammenhang mit dem Thema meiner Rede? ➤ **Siehe Kapitel 1 (zielgruppengerecht präsentieren).**
- Was beabsichtigt mein Publikum mit der von mir gelieferten Information zu tun?
- Wie kann ich die Aufmerksamkeit des Publikums wecken?
- Wie kann ich die Emotionen des Publikums treffen?
- Wie kann ich das Publikum persönlich ansprechen?
- Welches ist die Hauptbotschaft meiner Rede? ➤ **Siehe Kapitel 3.**
- Wie kann ich sofortigen Nutzen für das Publikum vermitteln oder in Aussicht stellen?

Wie lange soll eine Einleitung dauern?

Passen Sie die Einleitung der Länge Ihrer Rede an. Faustregel: 10 Prozent der Redezeit. Einleitungen können auch ganz kurz und knackig sein: zum Beispiel nur eine Aussage oder einfach eine Frage – und schon sind Sie mittendrin im Thema. Vergewissern Sie sich, was Sie mit Ihrer Einleitung bezwecken: Sie wollen das Interesse wecken, ins Hauptthema einführen, erreichen, dass Ihnen das Publikum wohlwollend zuhört. Mehr braucht es nicht. Vielleicht ist eine kurze spannende Geschichte zur fachspezifischen Entwicklung interessant für die Zielgruppe? Oder schildern Sie die Problemstellung, die Sie fachspezifisch lösen wollten (und wie daraus vielleicht etwas ganz anderes entstanden ist). Weitere Beispiele finden Sie im nachstehenden Kasten.

Eine Einleitung zum Thema «CO_2-Minimierung dank Wärmepumpen» könnte einen oder mehrere der folgenden Punkte enthalten:

- Eine (humorvolle) Bemerkung über sich selbst:
  «Heute bin ich mit gutem Gewissen mit dem Auto angereist, denn ich heize mein Zuhause mit einer Wärmepumpe …»
- Gemeinsamkeiten mit dem Publikum herstellen:
  «Wir sitzen alle im selben Boot …»
- Eine Tagesaktualität mit Bezug zum Thema:
  «Vor einer Woche hat das Europäische Parlament folgenden Beschluss zur Subventionierung von alternativen Energien verabschiedet: …»
- Ein Dankeschön für den Veranstalter oder eine Bezugnahme zur Veranstaltung:
  «Sehr geehrter Aufsichtsrat. Ich danke Ihnen für Ihre langjährige Unterstützung für den Umweltschutz.»
- Eine Frage ans Publikum:
  «Ist die globale Erwärmung nur ein Mythos oder ist sie Wirklichkeit? …»
- Ein Zitat:[17]
  «Die Natur ist die Mutter von uns allen (Henry Thoreau), also tragen wir für sie Sorge!»
- Eine konfrontierende Aussage:
  «Pflanzen haben übrigens bereits auf das vermehrte CO_2-Angebot durch eine verringerte Zahl von Spaltöffnungen reagiert. Wo bleibt der Mensch?»
- Statistik:
  «Von den USA weiß man, dass sie für fast ein Viertel des globalen Ausstoßes an CO_2 verantwortlich sind – dicht gefolgt von China. Doch auch die EU ist kein Musterknabe …»
- Eine Geschichte:
  ➤ **Siehe nächsten Abschnitt «Storytelling», S. 63.**
- Eine Metapher:
  «Genug leeres Stroh gedroschen! Mit unseren Wärmepumpen reduzieren Sie den CO_2-Ausstoß …»

Überlegen Sie, welche Form und Art von Einleitung zu Ihrem Publikum passt. Doch bevor Sie jetzt mit dem Schreiben beginnen und falls nötig PowerPoint starten, überlegen Sie sich noch die folgenden Punkte zu den Stichworten Storytelling, Emotionen und Humor.

Storytelling: mit Geschichten die Sinne ansprechen

Zum Thema Storytelling (Geschichten erzählen) gibt es viele gute Publikationen, hauptsächlich aus dem angelsächsischen Raum. Seit dem Jahr 2000 gewinnt Storytelling aber auch im deutschsprachigen Europa zunehmend an Popularität. Dabei wird frei erzählt, oft verbunden mit traditionellen Geschichten, mit Märchen und Sagen. Das alles ohne Urheberrecht und Copyright, ganz nach der Kultur der Urvölker: Weitererzählen erlaubt und sogar erwünscht! Sie fragen sich jetzt vielleicht, was das mit einer fachspezifischen Präsentation zu tun hat? Viel mehr, als Sie denken! Denn Sie präsentieren ja für ein Publikum, das aus Menschen besteht (davon gehen wir mal aus), und Menschen mögen Geschichten. Sie etwa nicht?

Beispiel: Sie haben ein neues Nachtsichtgerät entwickelt? Erzählen Sie die Geschichte vom Rotkäppchen.
«Das moderne Rotkäppchen: Rotkäppchen will seine Tante im Wald besuchen. Mit Korb, Kuchen und Wein macht es sich auf den Weg. Rotkäppchen weiß, dass es sich vor dem bösen Wolf in Acht nehmen muss. Ängstlich geht es also durch den tiefen, dunklen Wald. Zu Recht, denn der Wolf kann in der Dunkelheit viel besser sehen als das Rotkäppchen. Ist es da nicht wünschenswert, dass Rotkäppchen ebenso gut oder besser sehen kann als der Wolf? Natürlich. Darum: Mit unserem Nachtsichtgerät kann Rotkäppchen und können auch Sie in der Nacht sogar besser sehen als der Wolf. Sichern Sie sich die perfekte Sicht auch nachts – dank unserem Nachtsichtgerät …»

Mit einer lebendig erzählten Geschichte gewinnen Sie sofort die Aufmerksamkeit Ihres Publikums. Ihren Zuhörern fällt es dadurch leichter, sich auf das Thema zu konzentrieren als bei einer sachlichen oder nüchternen Ansprache. Das Publikum versucht, den Handlungsablauf, den Sinn (die Metapher) zu erfassen und die darin enthaltene Weisheit zu verstehen. Und das sind wir alle von Kindesbeinen an gewohnt. Beim Zuhören gelangen Menschen oft in einen leichten Trancezustand, in dem sie Inhalte noch tiefer aufnehmen können. Meist wirkt die Geschichte im Unbewussten weiter und Erkenntnisse bleiben noch lange präsent. Häufig haben wir nach unseren Präsentationen im Publikum nachgefragt, was eigentlich hängen geblieben ist. Die Antwort war meistens: «Ihre packende Geschichte zu Beginn!»

Erzählen Sie Anekdoten oder Erlebnisse: bei technischen Entwicklungen von Produkten und bei naturwissenschaftlichen Forschungsresultaten. Erwägen Sie auch Geschichten aus der Kategorie «Pleiten, Pech und Pannen» und führen Sie auf diese Weise ins Thema ein. Drücken Sie die neu errungenen Weisheiten in einer Pointe aus.

Zum Storytelling gehören neben der Sprache außerdem weitere persönliche Ausdrucksmittel wie Gestik, Mimik und Stimme. ➤ **Siehe dazu auch Teil III.**

Geschichten sind dann besonders wirkungsvoll, wenn Sie es schaffen, damit die fünf Sinne anzusprechen (VAKOG: V = visuell, A = auditiv, K = kinästhetisch, O = olfaktorisch, G = gustativ).

Was Sie beim Storytelling beachten sollten:

- Erzählen Sie nur eine Geschichte, die wirklich relevant ist und zu Ihrem Thema passt. Im Zweifelsfall erzählen Sie lieber nichts.
- Das Grundmuster der Geschichte sollte aus dem Umfeld des Publikums stammen und nachvollziehbar sein.
- Erzählen Sie keine Lügen, außer Sie deklarieren sie entsprechend oder lösen sie selbst auf.
- Geben Sie keine fremden Geschichten als Ihre eigenen aus, sondern deklarieren Sie sie entsprechend.
- Seien Sie authentisch.
- Üben Sie die Geschichte ein und probieren Sie diese vorher bei einem Testpublikum oder -zuhörer aus.

Unser Favorit ist eine persönliche (und meistens humorvolle) Geschichte.

Wenn Ihnen keine Zeit für eine ganze Geschichte bleibt, können Sie Ihre Rede auch mit einer gelungenen Metapher einleiten. Eine Metapher ersetzt meist einen normalen Begriff mit einem bildlichen Ausdruck, zum Beispiel «Rabeneltern» für Eltern, die ihre Kinder vernachlässigen, «auf einer Erfolgswelle reiten» für die Tatsache, während ungewöhnlich langer Zeit Erfolg zu haben. Die Metapher findet sich oft auch in Märchen oder Sagen.

Menschen mit einer vorwiegend bildlichen Vorstellungskraft gewinnen Sie am besten mit einer Metapher. Ein uns bekannter Redner aus der ICT-Branche hatte mal das neue Microsoft Office System 2007 mit dem Mixen eines Cocktails mit dem Namen «Sex on the Beach» verglichen. Er begann seine Rede mit folgenden Worten: «Das neue Microsoft Office System 2007 ist wie ‹Sex on the Beach›!» Natürlich dachte da niemand an den Drink – und schon war ihm die volle Aufmerksamkeit des Publikums sicher. Die Metapher hatte beim vorwiegend männlichen Publikum gezogen. Geheimnis bleibt, welcher Teil der Software für den Mandarinensaft im Cocktail steht.

Gute Redner nehmen die einleitende Geschichte oder Metapher am Schluss der Präsentation noch einmal auf und spannen so den Bogen zum Beginn der Präsentation. Auf diese Weise bleibt die Geschichte beim Publikum haften. Das bildliche Gedächtnis wird angesprochen und Inhalte bleiben länger präsent. Genau das wollen Sie ja erreichen – oder etwa nicht?

TIPP

Experimentieren Sie mit Geschichten und Metaphern. Probieren Sie immer wieder etwas Neues aus, das zu Ihnen passt und dem Publikum entspricht.

Emotionen wecken

Wenn Ihnen das Publikum nicht wohlgesinnt ist, zum Beispiel Desinteresse zeigt, dann sollten Sie in die psychologische Trickkiste greifen und mit Ihrer Einleitung Emotionen ansprechen. Der Mensch – und somit auch ein Publikum – besteht aus einer mentalen, emotionalen, physischen und spirituellen Einheit. Auch wenn wir uns manchmal einbilden, einen emotionslosen Menschen vor uns zu haben, so werden wir in der Regel einfach nur durch ein aufgesetztes, abgrenzendes Verhalten getäuscht. Emotionen hat jeder, nur werden sie nicht immer preisgegeben.

Speziell bei der Eröffnung einer Präsentation unter erschwerten Bedingungen empfiehlt es sich, den Einstieg in die Rede mit Emotionen zu verknüpfen. Wenn Sie es schaffen, die Gefühlswelt Ihres Publikums anzusprechen, dann wird es Ihnen viel eher wohlgesinnt sein und zuhören. Emotionen sind oft an der Körpersprache oder am Gesichtsausdruck ablesbar. Versuchen Sie einmal, bei einem Gespräch bewusst darauf zu achten, wie sich die Emotionen bei Ihrem Gegenüber abzeichnen.

Verschiedene Arten von Emotionen[18]

Wenn Sie Metaphern, Geschichten oder auch konfrontierende Aussagen bewusst einsetzen, können Sie Emotionen respektive Gefühle des Publikums ansprechen. In der Psychologie unterscheidet man zwischen angenehmen (euphorischen) und unangenehmen (dysphorischen) Gefühlen. Sie haben sowohl eine Qualität als auch eine Intensität (Stärke des Gefühls). Nach Izard (1994) existieren zehn unterschiedliche Gefühle, die auf der ganzen Welt und in jeder Kultur vorkommen. Es sind dies: Interesse, Leid, Widerwillen (Aversion), Freude, Zorn, Überraschung, Scham, Furcht, Verachtung und Schuldgefühl. Diese Gefühle ergänzen wir durch Enttäuschung, Mitleid, Sympathie, Neid und Stolz.

Wenn Sie Emotionen bewusst in Ihre Einleitung einfügen möchten, wählen Sie zuerst die betreffende Emotion aus und versetzen dann Ihr Publikum mittels der weiter oben aufgeführten Einleitungsbeispiele in dieses Gefühl. Wecken Sie die Emotionen der Zuhörer durch eine Aussage, eine Frage oder eine Geschichte etc.

Überlegen Sie sich genau, welche Art von Emotion Sie auslösen möchten. Es kann durchaus auch ein unangenehmes Gefühl sein, für das Sie vielleicht im Laufe der Rede eine Lösung präsentieren. Fühlen Sie sich dabei in Ihr Publikum ein und fühlen Sie mit, denn so erreichen Sie seine Gefühle am besten.

Emotionen bei fachspezifischen Präsentationen

Vielleicht denken Sie jetzt: Was soll das alles? Ich präsentiere etwas Fachspezifisches, Rationales, Echtes. Was soll ich mit dieser Gefühlsduselei? Zugegeben, es ist nicht einfach, bei einem technischen Produkt oder einer wissenschaftlichen Erkenntnis eine Emotion beim Publikum zu wecken. Aber wenn Sie es schaffen, ist es höchst effizient. Denn Sie sprechen damit neben all den rationalen Aspekten auch das Gefühl des Publikums an und gewinnen somit massiv an Attraktion – speziell in der Einleitung Ihrer Rede.

Überlegen Sie sich:

- Welche Emotionen löst mein Inhalt beim Publikum aus?
- Welche Emotionen sind mit meinem Inhalt verbunden oder können dadurch ausgelöst werden, zum Beispiel durch den Nutzen des Inhalts?
- Was betrifft und beschäftigt mein Publikum wirklich?
- Möchte ich Interesse, Leid, Widerwillen (Aversion), Freude, Zorn, Überraschung, Scham, Furcht, Verachtung, Schuldgefühl, Enttäuschung, Mitleid, Sympathie, Neid oder Stolz auslösen?

Die Einleitung zur Präsentation eines Wasserkochers – Sie erinnern sich an das Beispiel am Anfang des Kapitels – könnte dann etwa so aussehen:

Beispiel für eine gelungene Einleitung:
«Haben Sie sich auch schon mal gefragt, wie schön Ihr Arbeitsalltag sein würde, wenn Sie nicht alle zwei Monate Ihren industriellen Wasserkocher warten müssten? (Nutzen) Kein Abmontieren der Schutzhülle, keine mühsame Entleerung des Wassers und kein Zeitverlust wegen Schutzmaßnahmen bei der Entkalkung? (Sie zeigen ein Bild von der Wartung.) Wäre das nicht angenehm? (Gefühl/Emotion – Pause) – Verehrte Damen und Herren, mein Name ist Detlev Schmalz und ich präsentiere Ihnen unsere Weltneuheit, unseren Wasserkocher ForeverReady ...»

Unterstreichen Sie die Emotion auch mit einem entsprechenden Bild. Bilder sagen oft mehr als tausend Worte und wirken immer. Nicht nur am Anfang einer Präsentation.

ABBILDUNG 18:
Bilder[19] sagen mehr als viele Worte.

Humor – das Salz in der Suppe

Neben Emotionen und Storytelling ist Humor eines der wertvollsten Instrumente einer packenden Einleitung zu einer Präsentation. Wir alle mögen humorvolle Menschen. Gerade unter Druck und Anspannung gibt es keinen schnelleren Weg, um für Entspannung zu sorgen, als mit Humor. Und trotzdem kann Humor auch etwas sehr Gefährliches sein, denn er kann falsch verstanden werden. Humor kennen wir in den verschiedensten Schattierungen: von Witz über Zynismus, Ironie, Selbstironie bis hin zu Spott. Da Humor auch sehr von der Kultur abhängig ist (wir stellen hier schon große Unterschiede im selben Sprachraum zwischen Deutschland, Österreich und der Schweiz fest), ist die Gefahr groß, dass Sie mit dem Witz, der Ironie oder dem Zynismus beim Publikum etwas Negatives auslösen. Deshalb empfehlen wir, in Einleitungen zu Präsentationen hauptsächlich den Humor über sich selbst und die Selbstironie anzuwenden. Wenn Sie über sich selbst lachen, dann verletzen Sie bestimmt niemanden. Eine humorvolle Geschichte wirkt oft Wunder als Einstieg in Ihr Thema.

Ein Beispiel für einen humorvollen Einstieg:[20]
«... Eine Büffelherde bewegt sich nur so schnell wie der langsamste Büffel. Wenn die Herde gejagt wird, sind die schwächsten und langsamsten Tiere ganz hinten und werden zuerst getötet. Diese natürliche Selektion ist gut für die Herde als Ganzes, da sich die allgemeine Geschwindigkeit und die Gesundheit der ganzen Gruppe durch regelmäßige Auslese verbessern.
Auch das menschliche Gehirn kann nur so schnell arbeiten wie die langsamsten Gehirnzellen. Wie wir alle wissen, werden durch übermäßigen Genuss von Alkohol Gehirnzellen abgetötet, aber natürlich sind es die langsamsten und schwächsten, die es zuerst erwischt.
FAZIT: Regelmäßige Einnahme von Bier eliminiert die schwachen und langsamen Gehirnzellen und lässt so das Gehirn zu einer schnelleren und effizienter arbeitenden Maschine werden! Das ist der Grund, warum man sich nach ein paar Bier immer für wesentlich schlauer hält ...
Liebe Kollegen, es geht heute in meiner Präsentation um das Thema

Selektion. Ich behaupte, dass wir ein Verfahren gefunden haben, mit dem wir die Siliziumkristalle auf eine um 30 Prozent günstigere Weise extrahieren können als bisherige Verfahren …»

Mit einem packenden Einstieg in Ihre Rede führen Sie nicht nur ins Thema ein, Sie stellen auch sich selbst dem Publikum als Redner vor.

Ein Beispiel für eine Vorstellung mit einer Prise Selbstironie:
«Letzthin, bei der Einreise in die Schweiz, ist mir bei der Passkontrolle am Flughafen Zürich Folgendes passiert. Ich übergebe dem Schweizer Zollbeamten meinen Schweizer Pass. Der Beamte studiert den Pass eingehend. Dreht den Pass im Licht. Schließlich sagt er: ‹Skipwith ist aber auch kein typischer Schweizer Familienname, hä?!› Ich antworte: ‹Nein, aber ich arbeite dran.› – (Pause) – Guten Abend, verehrte Damen und Herren …»

Wir kommen zur nächsten Station …

AUF DEN PUNKT GEBRACHT

Beachten Sie die Rahmenbedingungen von Raum, Ort und Zeit.

Kapitel 6: Hollywood ist nicht gleich Hintertupfingen

Kennen Sie die Redewendung «Ich glaube, ich bin im falschen Film»? Vermutlich haben Sie sich selbst auch schon derart geäußert. Diese Formulierung kommt immer dann zum Tragen, wenn etwas für den Zuschauer nicht stimmt. In den meisten Fällen hat das damit zu tun, dass die Präsentation nicht zum Ort und/oder nicht zur Zeit passt. Genau das passiert, wenn der Redner nicht darauf achtet, ob die Präsentation in Hollywood oder Hintertupfingen stattfindet.

Die folgenden Punkte sollten Sie bei der Vorbereitung Ihrer Präsentation berücksichtigen:

- Raum
- Ort
- Zeit

Der Raum

Sowohl der Redner wie auch die Zuhörer werden durch den Raum, in welchem die Präsentation stattfindet, beeinflusst. Genau wie ein Pfadfinder den Lagerplatz für sein bevorstehendes Sommerlager erkundet, sollte ein Redner den Raum für seinen Vortrag vorher besichtigen. Am besten mehrere Tage vorher. Dies ist natürlich besonders unproblematisch, wenn die Präsentation in einem firmeneigenen Sitzungsraum oder Auditorium stattfindet. Es lohnt sich, die im Folgenden beschriebenen Aspekte zu beachten.

Atmosphäre

Versuchen Sie, einen Raum zu wählen, der so viele Plätze hat, wie Sie Teilnehmer erwarten. Wenn der Raum also für 500 Teilnehmer ausgelegt ist, Sie aber nur 30 Zuhörer haben, dann entsteht kaum eine gute Atmosphäre. Lieber präsentieren Sie in einem zu kleinen Raum, der proppenvoll ist, als in einem zu großen Raum, der fast leer ist. Es ist wie im Fußballstadion: Stimmung kommt auf, wenn alle Plätze besetzt sind.

Was können Sie tun, wenn der Raum trotz der besten Absichten zu groß ist? Versuchen Sie alles, damit die Zuhörer in den vordersten Reihen sitzen. Bringen Sie beispielsweise Kordeln oder Besetzt-Schilder an, um die hintersten Reihen abzusperren. Die räumliche Nähe zum Publikum ermöglicht viel besser die Interaktion mit ihm und bringt mehr Stimmung. Nichts ist schlimmer, als wenn Sie die Zuhörer nur mit dem Opernglas sehen und mit einem Hörgerät hören können.

Sichtverhältnisse

TIPP

Auch bei großem Publikum ist der Blickkontakt das stärkste Mittel, um die Zuhörer zu packen. Teilen Sie den Zuschauerraum in sechs bis neun Zonen auf. Halten Sie in unregelmäßiger Reihenfolge Blickkontakt mit mindestens einer Person aus den verschiedenen Zonen.

Die Raumgröße hat einen wesentlichen Einfluss darauf, ob die Zuschauer etwas sehen können oder nicht. In einem großen Auditorium werden Sie eine wesentlich stärkere Körpersprache einsetzen können/müssen als in einem kleinen Sitzungszimmer.

Requisiten sind häufig eher klein, deshalb meistens nur für einen kleinen Raum geeignet. Allerdings gibt es Gegenbeispiele: Steve Jobs präsentiert auch das kleine iPhone vor großem Publikum. (Dank einer Live-Video-Übertragung wird das iPhone groß in seiner Hand gezeigt.)

Energie

Die Präsentation beginnt bereits, wenn Sie sich von Ihrem Platz erheben. Gehen Sie deshalb mit Elan nach vorne, sei es ans Kopfende eines Konferenztisches oder auf die Bühne. Je größer der Raum, desto mehr Energie ist notwendig, andernfalls verwelkt Ihnen das Publikum schon nach kurzer Zeit.

Interaktion mit dem Publikum

Versuchen Sie, Ihre fachspezifische Präsentation interaktiv zu gestalten. Gehen Sie auf Ihr Publikum ein. Stellen Sie Fragen. Machen Sie eine Handhoch-Abstimmung. Fordern Sie einen Experten zu einem Statement auf. Verteilen Sie ein Anschauungsobjekt.

Interaktion kann auf ganz unterschiedliche Weise geschehen. Entscheidend ist, dass Sie auf einem Kongress mit einem Publikum von 500 Personen vor ganz anderen logistischen Herausforderungen stehen als bei einer Projektleitersitzung mit beispielsweise sechs Personen.

Technik

Je kleiner das Publikum (und entsprechend der Raum), desto weniger Technik benötigen Sie. Mit bis zu 40 Teilnehmern können Sie ohne Bedenken an einem Flipchart arbeiten. Bei kleinem Publikum brauchen Sie nicht unbedingt eine PowerPoint-Präsentation.

Besonders bei großen Räumen können Scheinwerfer, Mikrofon, Jalousien, zusätzliche Technik und Fernsteuerung empfehlenswert sein. Außerdem sollten Sie die Akustik und eventuelle Lärmquellen berücksichtigen.

➤ **Mehr dazu in Kapitel 15.**

Bühne

Wenn eine Bühne vorhanden ist, sollten Sie diese nutzen. Halten Sie sich nicht am Rednerpult fest, sondern wechseln Sie in unregelmäßigen Abständen Ihren Standort. Dann stellen Sie sich wieder fest hin. Ganz nach dem Motto: «Fest stehen, bewusst gehen.» Bearbeiten Sie Ihr Publikum.

Der Ort

Das Publikum liebt Streicheleinheiten. Lassen Sie es sich deshalb nicht nehmen, zu betonen, wie gut Ihnen die Stadt, die Umgebung, die Berge oder sonst eine herausragende Eigenschaft des betreffenden Ortes gefallen. Dadurch schaffen Sie einen konkreten Bezug zum Ort und zum Publikum. Vermutlich waren Sie auch schon auf einem Konzert, bei dem der Leadsänger die Stadt in der Begrüßung nannte: «Hallo Köln!»

Führen Sie eine kleine Recherche im Internet durch, beim Fremdenverkehrsamt (Tourismusbüro), bei der lokalen Handelskammer und/oder in Ihrer eigenen Firma. Bestimmt finden Sie einen Anknüpfungspunkt – eine berühmte Persönlichkeit, einen interessanten Kunden, ein Ereignis aus der Geschichte, ein relevantes Projekt, das Sie oder Ihre Firma bereits in dieser Stadt durchgeführt haben.

Die Zeit

Knüpfen Sie an aktuelle Ereignisse an, die für den Veranstaltungsort oder das Publikum relevant sind. Vergessen Sie dabei nicht den allgemeinen Zeitgeist. Die Zuhörer werden es Ihnen danken, denn sie sind der Meinung, Sie hätten die Präsentation wirklich auf sie angepasst – was Sie damit auch tatsächlich getan haben.

Wenn die einheimische Fußballmannschaft am Wochenende gespielt hat, können Sie darauf kurz eingehen. Eleganterweise finden Sie einen schönen Übergang zu Ihrem Thema. Beispiel: «Wie im Fußball stehen wir auch in der Forschung in einem harten Wettbewerb.»

Was ist Ihnen über die Firma, bei der Sie präsentieren, zu Ohren gekommen? Steht gerade eine Umstrukturierung an? Konnte kürzlich ein großer Erfolg gefeiert werden?

Was stand in der Zeitung unlängst auf der Titelseite? Was ist an der Börse passiert? Was geschieht mit dem Forschungsetat des Bildungsministeriums? Gibt es zurzeit eine bahnbrechende Idee auf einem verwandten Gebiet?

Selbstverständlich können Sie auch auf Dinge hinweisen, die unmittelbar vor Ihrer Präsentation passiert sind – wenn sie mit Ihrem Thema zu tun haben –, beispielsweise auf die Begegnung mit der Dame in der Straßenbahn, die Bemerkung des Vorredners oder eine Frage, die eben gestellt wurde.

Für die Demo habe ich meinen Techie mitgebracht.
IHR NUTZEN.
UNSERE PASSION.
1010 0001 0101 1001 Immer diese Marketing-Besserwisser 0000
Zusammen ein Dream Team ...

AUF DEN PUNKT GEBRACHT
Teampräsentationen erfordern zusätzliche Vorbereitung.

Kapitel 7: Kein Solo, sondern ein Orchesterstück

Eine Präsentation ist vergleichbar mit einem Konzert. Es gibt Konzerte, bei denen spielt ein Solist, bei anderen Konzerten treten zwei oder mehrere Musiker auf, manchmal ein ganzes Orchester. Was braucht es denn für einen guten Orchesterauftritt? Die Musiker trainieren erst einzeln, dann gemeinsam. Dabei werden Übergänge, schwierige Passagen und das Verschmelzen der einzelnen Töne in ein Gesamtklangbild geprobt. So sollten Sie auch vorgehen, wenn Sie im Team präsentieren.

Bei öffentlichen Ausschreibungen und in der Privatwirtschaft werden Unternehmen immer wieder dazu aufgefordert, ihr Angebot (Konzept, Produkt, Dienstleistung) in Form einer Präsentation[21] vorzustellen. Präsentationen dieser Art sind meistens Teampräsentationen. Unter anderem geht es darum, dass der Kunde, der zum Wettbewerb geladen hat, das zukünftige Team kennenlernt, mit dem er monate-, manchmal jahrelang zu tun haben wird. Der Kunde will sehen und spüren, ob er mit dem Team, das da präsentiert, zusammenarbeiten kann. Oder eben nicht.

Die Solistin – ein Einzelauftritt?

Selbst wenn wir zu einem Konzert einer Solistin gehen, betritt sie normalerweise nicht als Einzige die Bühne. Denn – und dies zum Vorteil der Solistin – sie wird von einem Moderator angekündigt. Und zum Schluss des Konzerts dankt er ihr.

Ankündigungen und dankende Worte sollten Sie auch bei Präsentationen nicht dem Zufall überlassen. Schreiben Sie einen kurzen Text dazu, was der Moderator über Sie sagen soll. Idealerweise schicken Sie ihm den Text mehrere Tage vor der Präsentation, damit er sich mit dem Text vertraut machen kann. Manche Moderatoren sind sogar froh und dankbar, die Ankündigung nicht selbst vorbereiten zu müssen. Wollen Sie auf Nummer sicher gehen, dann bringen Sie den Text zusätzlich ausgedruckt auf einem Blatt Papier mit – für den Fall, dass der Moderator ihn auf seinem Schreibtisch vergessen hat oder kurzfristig durch eine andere Person ersetzt wurde. Versuchen Sie, den Moderator vor der Rede persönlich kennenzulernen, damit er Sie nicht nur vom Papier her kennt. Außerdem sollten Sie ihn gegebenenfalls darüber informieren, wie Ihr Name ausgesprochen wird. Sobald er nämlich den Namen noch nie gehört hat, ist die Gefahr groß, dass er ihn falsch ausspricht. Und das kann man ihm in vielen Fällen gar nicht übel nehmen. Oder wüssten Sie, wie man Xiaolong Hu, Michele Wozniacki oder George Queloz korrekt ausspricht?

Das Orchester – eine Teampräsentation

Als Teampräsentation bezeichnet man eine Präsentation zu einem Thema, die von zwei oder mehr Personen gehalten wird. Die Inhalte der Präsentation werden dabei üblicherweise so verteilt, dass jedes Teammitglied sein Spezialgebiet präsentieren kann. Eine Teampräsentation macht allerdings nur Sinn, wenn dadurch ein Mehrwert entsteht.

TIPP
Achten Sie darauf, dass bei einer Teampräsentation nicht eine Menge Solisten auf der Bühne stehen, sondern dass das Publikum ein eingespieltes Orchester vor sich hat.

Wie ein Orchester muss auch die Teampräsentation orchestriert werden. Weil mehrere Personen involviert sind, gibt es beispielsweise mehr Übergänge als üblich. Wir empfehlen, diese besonders oft zu üben.

Teampräsentationen können – vor allem wenn sie länger dauern – einen großen Vorteil bieten: Abwechslung. Diese ergibt sich allein schon durch den Wechsel von einem Redner zum anderen. Achten Sie einmal im Fernsehen darauf: Viele Sendungen werden von zwei Moderatoren bestritten. Gut beobachten können Sie das beispielsweise bei den Nachrichten im französischen Fernsehen. Weshalb bringen verschiedene Redner Abwechslung? Weil sich die Stimme, das Aussehen, die Geschwindigkeit, die Energie von Person zu Person ändern. Das tut dem Publikum gut.

Ein weiterer Vorteil der Teampräsentation ist, dass derjenige, der gerade nicht spricht, dem Redner zu Hilfe eilen oder zur Verfügung stehen kann. Dies zum Beispiel, wenn eine Frage aus dem Publikum mitgeschrieben werden soll. Dann kann der pausierende Redner sie auf dem Flipchart notieren. Oder er kann helfen, eine Frage zu beantworten.

Die wichtigsten Aspekte einer Teampräsentation

Damit eine Präsentation mit mehreren Rednern gelingt, sind einige Faktoren zu berücksichtigen. Wir haben diese im folgenden Textkasten für Sie zusammengestellt.

Wichtig für den Erfolg einer Teampräsentation:

- **Team:** Eine Teampräsentation soll als solche wahrgenommen werden – nicht als eine Präsentation durch Solisten.
- **Moderation:** Der Teamleiter übernimmt in den meisten Fällen die Einleitung und den Abschluss. Sie sollen sich auf die gesamte Präsentation beziehen, nicht nur auf den ersten beziehungsweise den letzten Teil. Zum Abschluss gehört gegebenenfalls auch der Appell. Der Moderator soll sich überlegen, wie er seine Teammitglieder ankündigt. Bitte spannender als: «Hans, unser Verkaufsleiter, wird Ihnen jetzt die Verkaufszahlen präsentieren.»
- **Vorbereitung:** Die Teampräsentation verlangt sehr viel Abstimmung zwischen den Rednern. So vermeiden Sie, dass der gleiche Witz zweimal erzählt wird, dass es Überschneidungen gibt und dass sich die Teammitglieder widersprechen! So stellen Sie sicher, dass die Hauptbotschaft bei allen Rednern nicht nur dieselbe ist, sondern von allen Rednern verstärkt wird. Also:
  Wer sagt was?
  Wer macht was?
  Wer erhält wie viel Redezeit?
- **Skript:** Erstellen Sie ein Skript, in dem festgehalten wird, wer was sagt, was macht und wie lange er dafür Zeit hat. So ist auch klar, wer anfängt und wer aufhört. Damit der Umgang mit den Folien einfacher wird, können Sie jede Folie mit einer Initiale des betreffenden Redners versehen. So wissen die Redner immer, wer welche Folie präsentieren soll.
- **Struktur:** Orientieren Sie die ganze Teampräsentation an der Clear-Message-Struktur.
- **Folien:** Falls Sie Folien einsetzen, müssen Sie diese von ein und

TIPP
Wenn Sie PowerPoint einsetzen, benutzen Sie am besten von Beginn an die Masterfolien-Funktion. Damit erhalten die Präsentationsfolien ein einheitliches Design und sind änderungsfreundlich.

derselben Person vereinheitlichen lassen. Auf den Folien sollen zum Beispiel nicht im ersten Teil ganze Sätze stehen, im zweiten Teil nur Bilder. Gerade bei Teampräsentationen, bei denen es um Millionenaufträge geht, lohnt es sich, zu überlegen, ob man einen professionellen Foliendesigner zuziehen sollte. Auf diese Weise lässt sich das Corporate Design am besten wahren.

- **Folienwechsel:** Jedes Teammitglied wechselt seine Folien am besten selbst. Nutzen Sie hierfür eine Fernbedienung.
- **Übergänge:** Planen Sie die Übergänge von einem Redner zum nächsten; sie erleichtern dem Publikum die Orientierung und verstärken die Hauptbotschaft. Beispiel:
  Holger: «Damit haben wir gesehen, dass … Ich übergebe hiermit an Franz. Er zeigt uns …»
- **Rampenlicht:** Sie stehen im Rampenlicht, auch wenn Sie gerade nicht sprechen. Ihre Gestik, Mimik und Haltung senden positive oder negative Signale ans Publikum. Achten Sie darauf, positive Signale zu senden, indem Sie mitmachen, interessiert zuhören und zusehen. Drücken Sie auf keinen Fall auf Ihrem Blackberry herum, während Ihr Kollege präsentiert!
  Entscheiden Sie, wo sich diejenigen aufhalten sollen, die gerade nicht präsentieren. Vermutlich auf der Seite, sodass die Sicht des Publikums nicht behindert wird. Es kann empfehlenswert sein, ein paar Stühle für die pausierenden Redner bereitzustellen.
- **Hilfspersonen:** Die Personen, die nicht präsentieren, können bei Bedarf etwas verteilen, etwas einsammeln oder eine Demonstration unterstützen.
- **Fragen und Antworten:** Im Normalfall wird der Teamleiter den Teil für die Fragen und Antworten eröffnen. Er ist auch derjenige, der die Fragen an die Teammitglieder weiterleitet. Die Teammitglieder dürfen gern per Blickkontakt kommunizieren, dass sie eine Antwort geben möchten.
  Einigen Sie sich schon in der Vorbereitung über die Antworten. Im Team können Sie sich die Fragen auch selbst stellen. Wenn Sie möchten, kann der eine die Rolle des guten und der andere die des

bösen «Polizisten» einnehmen. Sie können sich auch ruhig gegenseitig ein wenig auf die Schippe nehmen. «Ich habe das Gerücht gehört, dass ...»

- **Auflockernde Bemerkungen:** Die Antworten auf die Fragen Ihres Teamkollegen brauchen nicht immer todernst zu sein. Manch ein Publikum genießt es, wenn Sie auflockernde Bemerkungen wie «Der stellt immer so alberne Fragen, die ich nicht beantworten kann» einstreuen. (Allerdings muss das der Teamkollege auch vertragen können.)
  Ein weiteres Beispiel: Sie führen eine technische Demo durch, die offensichtlich schiefgeht. Sie (oder Ihr Teamkollege) sagen: «Einmal blamiert, lebt es sich ganz ungeniert.» Oder: «Ich habe es zehnmal geübt. Jetzt kann ich es immer noch nicht.» Oder: «Wow. Sicheres Auftreten bei absoluter Ahnungslosigkeit.» Oder: «Beim Üben hat es funktioniert.»
- **Generalprobe:** Gehen Sie die Präsentation gemeinsam durch und organisieren Sie dafür ein kleines Publikum. Dieses soll Ihnen ein letztes Feedback geben. In den meisten Fällen werden Sie noch Dinge entdecken, die Sie verbessern können. Auch ein Orchester macht eine Generalprobe.
- **Vor-Ort-Test:** Gehen Sie im Team frühzeitig an den Ort der Präsentation. Idealerweise haben Sie nochmals die Gelegenheit, auf der Bühne die gesamte Präsentation durchzugehen. Alle Teammitglieder sollten ihre Folien nochmals prüfen. Üben Sie mit dem Mikrofon. Gewöhnen Sie sich an die Umgebung. Schauen Sie, wo und wie die technischen Geräte bedient werden. Klären Sie ab, wer Ihnen bei technischen Problemen helfen kann.

Wen nehmen wir ins Team?

Manchmal kann sich auch die Frage stellen, wer präsentieren soll: alle Teammitglieder oder nur ein paar, eventuell noch eine prominente Person? Die folgenden Überlegungen helfen dabei, diese Frage zu beantworten.

Wer soll präsentieren?

- Wenn das Thema – idealerweise – dreigeteilt wird, ist das ein starkes Indiz dafür, dass es drei Redner geben soll.
- Wenn eines der Teammitglieder miserabel präsentiert, ist es vermutlich kurzfristig sinnvoller, jemand anderen zu bestimmen, der die Inhalte vorstellt. Langfristig sollte der Betreffende das Präsentieren lernen.
- Nimmt einer der Chefs oder eine andere wichtige interne Person an der Präsentation teil, kann das deren Wichtigkeit und Glaubwürdigkeit unterstreichen.
- Ein Prominenter, ein Star oder eine andere bekannte Persönlichkeit kann ebenfalls helfen, die Botschaft noch wirkungsvoller beim Publikum zu platzieren. Dies ist vor allem bei Podiumsdiskussionen und Fachkongressen üblich.
- Wenn Sie eine Präsentation mit verschiedenen Detaillierungsebenen (Tiefe) halten, ist es von Vorteil, für die (technischen) Details einen Experten einzubeziehen.

Wow!
Das war gut!
WoW!
Bravo!
Der hat bestimmt vorher ein schlaues Buch gelesen!
Nein, er war bei mir im Coaching!

AUF DEN PUNKT GEBRACHT

Wirkliche Spitzenleistungen erzielen Sie mit Hilfe der professionellen Unterstützung eines Rhetorik-Coachs.

Kapitel 8: Stars lassen sich coachen

Vom Hochleistungssportler über den Top-Manager zum Filmstar: Fast ohne Ausnahme lassen sich diese Personen helfen. Sie nehmen sich einen Coach, der ihre Stärken und Verbesserungspotenziale identifiziert. Dann arbeiten sie gemeinsam daran, noch besser zu werden.

Ein Beispiel: Barack Obama hat es vorgemacht. In vier Jahren vom Nobody zum amerikanischen Präsidenten – mit rhetorisch brillanten Reden. Wer glaubt, Obama habe alle seine Reden selbst geschrieben, der irrt sich. Er beschäftigt ein ganzes Team von Redenschreibern und Beratern. Er hat sich helfen lassen, noch besser zu werden.

Es gibt viele Firmen, die Tausende bis Millionen von Euro für Marketingkampagnen ausgeben. Diese schlagen sich dann an Plakatwänden, im Fernsehen und in den Briefkästen der potenziellen Kunden nieder. Wenn es allerdings zum direkten Kundenkontakt im Rahmen einer Kundenveranstaltung oder eines Kongresses kommt, steht der Referent der Firma meist eher schlecht als recht vorne. Die Firmen gehen davon aus, dass die Präsentation dann schon gut ankommen wird. Leider. Denn hier geht es ganz wesentlich um den Verkaufsabschluss. Die Kunden stehen kurz davor, zu kaufen. Wenn sie nun aber eine schlechte Präsentation sehen, werden sie zögern. Unter Umständen sind dann die immensen Ausgaben für das Marketing aus dem Fenster geworfenes Geld. Denn in erster Linie wird ein Kunde von einer Person überzeugt – von demjenigen, der präsentiert. Dann kauft der Kunde.

Wir empfehlen deshalb, dass eine Firma einen Teil ihrer Marketingausgaben für Rhetorik-Coachings (und Rhetorik-Trainings) ihrer Mitarbeiter mit Kundenkontakt reserviert.

Wer soll einen Rhetorik-Coach engagieren?

TIPP
Nutzen Sie die Fähigkeiten eines Rhetorik-Coachs für Ihre persönliche Entwicklung als Führungskraft und zur Entwicklung Ihres Teams oder Unternehmens.

Wer die nächste Stufe an Professionalität erreichen will, ist gut beraten, einen Coach zu nehmen. Vergessen Sie, dass es ein Makel sein soll, wenn man etwas nicht alleine schafft. John Wayne ist out, Teamplayer sind in. Das ist im Sport, in der Wirtschaft und in der Wissenschaft so. Erst recht wenn es darum geht, besser zu präsentieren. Engagieren Sie einen Rhetorik-Coach, wenn Ihnen Ihre Präsentation wichtig ist. Wichtig ist sie beispielsweise, weil es sich um eine Präsentation im Rahmen einer bevorstehenden Stellenbewerbung, einer Beförderung oder einer Ausschreibung von mehreren Tausend bis Millionen Euro geht.

Überlassen Sie Ihren professionellen Auftritt also nicht dem Zufall. Mit seiner Außensicht auf Ihre Präsentation kann der Coach Schwächen in Ihrer Vortragsweise sowie in Ihrer Rhetorik aufzeigen. Er kann Sie in verschiedenen Punkten unterstützen:

Mental-Coaching

Das bekannte «Johari-Fenster» (Abbildung 19) beschreibt die vier Dimensionen der menschlichen Interaktion. Der Bereich «Arena» umfasst die Eigenschaften und Erlebnisse, die uns selbst bewusst sind und über die wir gern berichten. Im versteckten Feld, sozusagen hinter der «Fassade», liegen Dinge, die uns zwar bewusst sind, die wir aber lieber für uns behalten. Darüber hinaus haben wir Verhaltensweisen und Eigenschaften, die wir selbst nicht wahrnehmen, andere jedoch, zum Beispiel ein Rhetorik- oder Mental-Coach, deutlich bei uns erkennen. In diesem Fall kann Feedback erhellend und hilfreich sein. Der Coach hilft Ihnen, diese sogenannten blinden Flecke aufzudecken. In diesem Zusammenhang eignet sich auch der Einsatz von Video-Feedback. Mental-Coachs arbeiten zudem mit Methoden, mit deren Hilfe Sie Ihre unbewussten Verhaltensweisen aufspüren und verändern können. Durch die Arbeit mit dem Unterbewusstsein können Sie Ihr Wissen über sich selbst vertiefen und sich dadurch kontinuierlich verbessern.

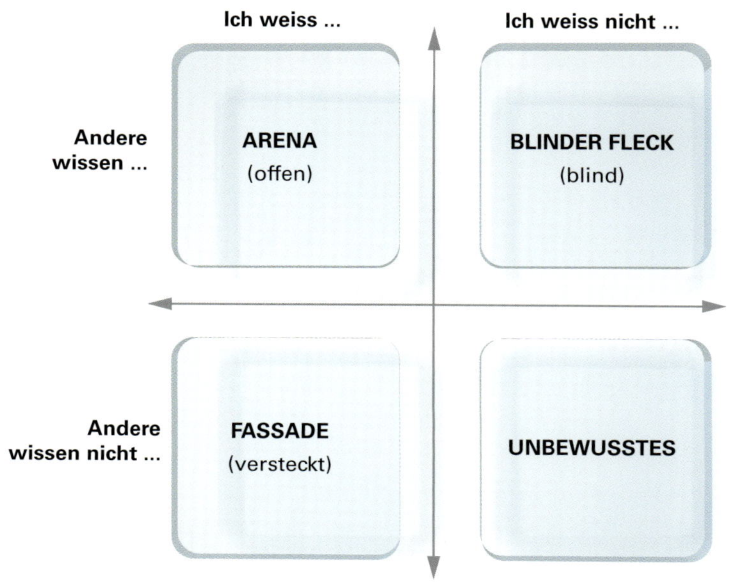

ABBILDUNG 19:
Ein Rhetorik-Coach hilft, blinde Flecke aufzudecken, ein Mental-Coach arbeitet zudem mit dem Unbewussten.

Der Coach als Ghostwriter

Vor allem Führungskräfte beauftragen häufig einen Rhetorik-Coach, weil sie zu wenig Zeit haben, um die ganze Präsentation selbst vorzubereiten. Sie lassen sich zumindest Teile der Rede vom Coach schreiben, der in diesem Fall die Funktion eines Ghostwriters hat.

Professionelles Feedback

Manche Führungskräfte arbeiten mit einem Rhetorik-Coach zusammen, weil sie von den eigenen Mitarbeitern kein konstruktives Feedback erhalten. Entweder trauen sich die Mitarbeiter nicht, ein Feedback zu geben, oder sie sind dazu nicht in der Lage.

TIPP

Professionelle Rhetorik-Coachs geben auch Feedback anhand von Videoaufnahmen.

Wie läuft ein Rhetorik-Coaching ab?

Der Ablauf sieht üblicherweise so aus: gemeinsame Vorbereitung der anstehenden Präsentation, Begleitung durch den Coach während der eigentlichen Präsentation und Nachbearbeitung. Am fruchtbarsten ist die Zusammenarbeit vor allem in der Vorbereitungsphase.

Vorbereitung

So sieht die Zusammenarbeit während der Vorbereitung aus:

- Vor dem ersten Treffen sollten Sie dem Rhetorik-Coach einen Entwurf der Präsentation (häufig in PowerPoint) zustellen. Er kann sich dann besser vorbereiten und bereits erste Ideen sammeln.
- Während der Coaching-Sitzung werden Sie einander (besser) kennenlernen. Beschreiben Sie die Rahmenbedingungen der Präsentation (Publikum, Raum, Organisator usw.), damit sich der Coach ein Bild von der Situation machen kann.
- Als Nächstes werden Sie gemeinsam den Inhalt analysieren und gegebenenfalls überarbeiten: Hauptbotschaft, Argumente, Einleitung, Schluss …
- Jetzt können Sie die Präsentation probeweise halten. Ihr Rhetorik-Coach wird Sie auf Ihre Stärken und Ihre Verbesserungspotenziale aufmerksam machen.
- Je nach Situation werden Sie sich einmal oder mehrmals mit Ihrem Coach treffen. Wir empfehlen jeweils zweistündige Sitzungen mit ein paar Tagen Pause zwischen den einzelnen Treffen.

Halten der Präsentation

Am Tag der eigentlichen Präsentation können Sie die Früchte Ihrer Vorbereitung ernten. Wenn Sie besonders viel von Ihrem Rhetorik-Coach profitieren möchten, lassen Sie ihn dabei sein. Auf diese Weise kann er Ihnen anschließend ein konstruktives Feedback geben. Zusätzlich ist eine Videoaufzeichnung für die Nachbearbeitung empfehlenswert.

Nachbearbeitung

Überlegen Sie, welche Aspekte Ihrer Präsentation gut gelaufen sind und welche nicht. Als Hilfestellung für die eigene Beurteilung finden Sie ein Feedbackblatt auf www.descubris.ch.

Ihr Rhetorik-Coach wird gern mit Ihnen die gehaltene Präsentation besprechen, damit Sie noch besser werden. Denn: «Nach der Präsentation ist vor der Präsentation.» Bei entsprechendem Bedarf reservieren Sie sich wieder Coaching-Termine für die Vorbereitung der nächsten Präsentation.

Was soll ein Rhetorik-Coach können?

Engagieren Sie nicht einfach den erstbesten Coach. Es gibt viele Anbieter am Markt, die sich als wahre Alleskönner ausgeben. Es mag ja sein, dass es diese Genies gibt, doch sind die meisten Klienten bei einem Spezialisten am besten aufgehoben.

Das sollten Sie bei der Auswahl eines Rhetorik-Coach beachten:

- Qualifikation: Handelt es sich bei dem Coach um einen Betriebswirt, einen Handelslehrer, einen Journalisten oder einen ehemaligen Schauspieler? Jeder hat seine Stärken. Der Betriebswirt kennt sich in der Geschäftswelt gut aus und kann Ihnen auch inhaltlich weiterhelfen. Ein Handelslehrer hat seine Stärken auf der didaktischen Seite. Ein Journalist kann Sie vor allem im Umgang mit den Medien unterstützen. Und ein Schauspieler kennt sich besonders gut auf der Bühne und mit der Stimme aus. Entscheiden Sie, wer Ihnen am meisten bringt.
- Erfahrung: Klären Sie ab, wie viel Erfahrung der Rhetorik-Coach besitzt. Wie viele Jahre hat er Erfahrung als Mitarbeiter und Führungskraft in einer Firma gesammelt? (Versteht er etwas vom Business?) Wie viele Jahre ist er als Rhetorik-Coach tätig?
- Vorgespräch: Lassen Sie sich am Telefon den Ablauf eines Coachings erklären. Fragen Sie auch nach dem Preis.

- Fachgebiet(e): Kein Coach ist für jeden Anlass geeignet. Ein «Hansdampf in allen Gassen» bringt Sie mit Sicherheit nicht weiter. Wählen Sie einen Rhetorik-Coach, der sich auf Präsentationen vor Publikum spezialisiert hat. Nicht so entscheidend ist, dass er in Ihrer Branche gearbeitet hat. Die meisten Aspekte einer guten Präsentation sind für alle Branchen gleich. Vielmehr ist es interessant zu wissen, ob er selbst Erfahrungen aus der Geschäftswelt mitbringt.
- Publikationen: Schauen Sie auf der Webseite des Rhetorik-Coachs nach Publikationen wie Fachartikeln und Büchern.
- Referenzen/Testimonials: Hat er Referenzen und glaubwürdige Kundenstimmen vorzuweisen?
- Empfehlungen: Fragen Sie Freunde, Bekannte, Arbeitskollegen etc. nach deren Erfahrungen. Bestimmt erhalten Sie einige gute Tipps, die Ihnen weiterhelfen können.
- Kundenliste: Auf der Kundenliste des Coachs sollten ein paar bekannte Firmennamen vorkommen.
- Rednertätigkeit: Prüfen Sie, ob der Coach nur Wasser predigt oder es auch trinkt. Mit anderen Worten: Hält er selbst regelmäßig Präsentationen?
- Sprachkompetenz: Achten Sie darauf, dass der Coach Ihre Sprache gut bis ausgezeichnet spricht. Wenn die Sprache Ihrer Präsentation nicht seine Muttersprache ist, sollten Sie mit ihm am Telefon sprechen. Dann entscheiden Sie, ob Sie mit ihm zusammenarbeiten wollen.
- Preis: Der Preis bestimmt die Qualität. Je erfahrener und besser ein Coach ist, desto mehr kann er verlangen. Den billigen Jakob können Sie getrost vergessen.
- Chemie: Prüfen Sie, ob die Chemie zwischen Ihnen und dem Coach stimmt. Wenn dem so ist, hat der Coaching-Prozess besonders große Chancen, erfolgreich zu sein.
- Geografie: Ist der Rhetorik-Coach bei Ihnen in der Nähe? Können Sie es so einrichten, dass Sie sich mehrmals persönlich treffen können? Ist er auch über das Telefon erreichbar?

Teil II:

Visuelle Unterstützungen: Erstellen von PowerPoint-Folien

Während Ihrer Vorbereitung werden Sie sich auch bereits mit der Visualisierung Ihrer Präsentation beschäftigen. Dafür setzt man heute in den meisten Fällen PowerPoint ein. Deshalb steht in den folgenden Kapiteln die Herstellung von zielgruppengerechten Folien im Mittelpunkt.

Die meisten Fachexperten besitzen keine grafische Ausbildung und trotzdem gilt es, einige grafische Grundsätze bei der Entwicklung von zielgruppengerechten Folien zu beherzigen. Darum betrachten wir in den folgenden Kapiteln die Möglichkeiten der Visualisierung mithilfe von PowerPoint inklusive der farblichen Gestaltung. Außerdem gehen wir darauf ein, wann es sinnvoll ist, Animationen einzusetzen. Zum Schluss dieses Teils beschreiben wir den Unterschied zwischen einer Präsentation und einer Dokumentation sowie den geschickten Einsatz von Handouts.

Bevor Sie PowerPoint starten, sollten Sie folgende Überlegungen anstellen:

- Versetzen Sie sich bei der Konzeption Ihrer visuellen Unterstützung in die Rolle der Zuschauer. Was wollen die Zuschauer sehen? Was wollen sie hören? Was wollen sie lernen?
- Wenn Sie die visuelle Unterstützung auch mit einem anderen Medium als PowerPoint durchführen können, empfehlen wir Ihnen, dieses Medium einzusetzen, denn damit heben Sie sich von der Masse ab. Wir denken dabei an ein schön gestaltetes Flipchart, eine Pinnwand oder eine Requisite.
- Beginnen Sie Ihre Umsetzung immer analog, das heißt mit Stift und einem Blatt Papier – das geht ruck, zuck. Starten Sie erst dann den Computer.
- Ziehen Sie professionelle Unterstützung bei der Illustration hinzu, falls Sie eine wichtige Präsentation vor großem Publikum halten. Unterschätzen Sie den Wert von gutem Design nicht. Die Folien sind wie die Verpackung Ihrer Botschaft, die Visitenkarte Ihres Unternehmens.

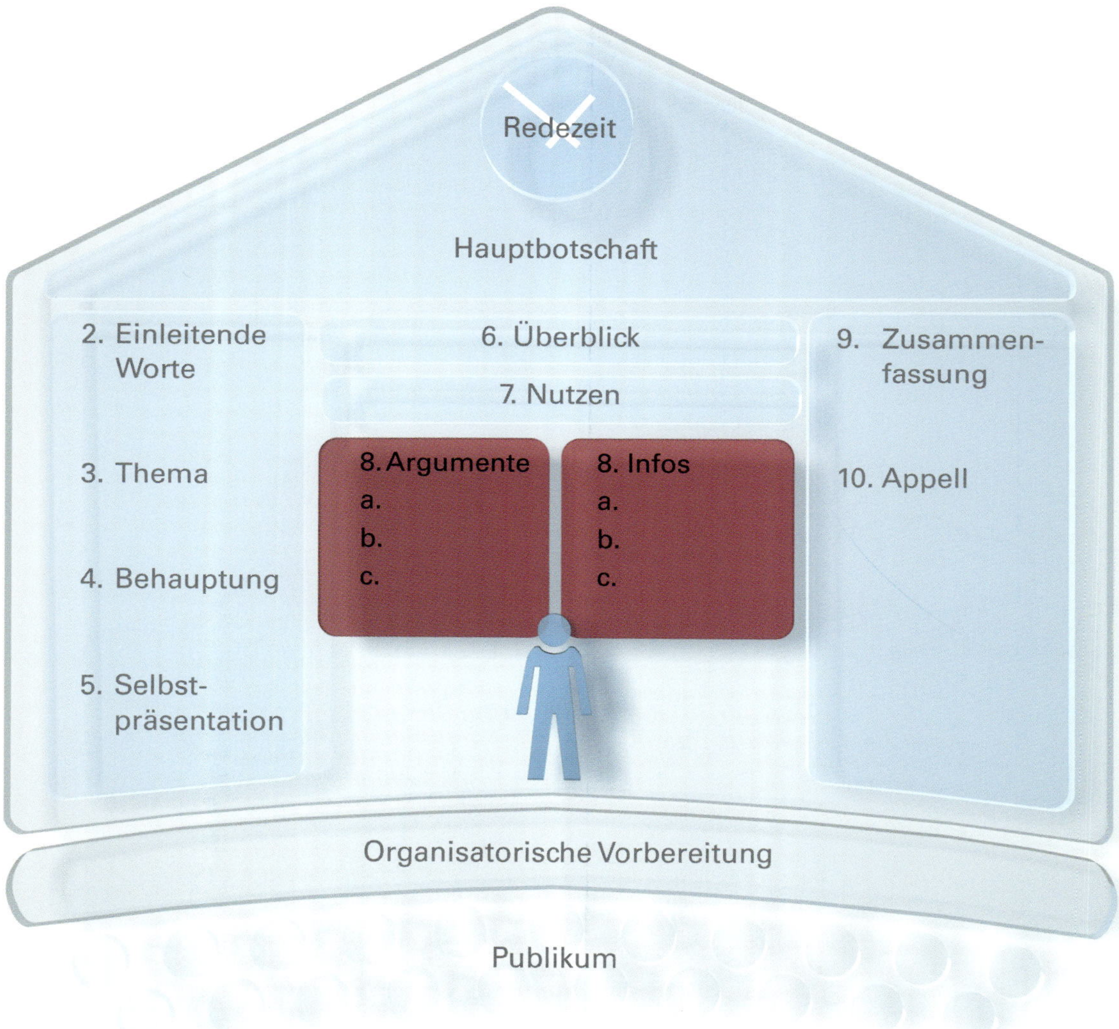

ABBILDUNG 20:
Das Power-Präsentations-Modell:
Interessante und gut gestaltete Folien sind ein wesentlicher Bestandteil einer guten Präsentation.

Nimm den
Zeichenstift!
Öffne
PowerPoint!

AUF DEN PUNKT GEBRACHT

Machen Sie die Vorbereitung erst auf Papier, dann auf dem Computer – und Ihre Botschaft wird klarer.

Kapitel 9: PowerPoint, Picasso und ich

Es gibt drei Möglichkeiten, wie Sie PowerPoint einsetzen können: Entweder Sie erstellen (a) ein Dokument, eine Dokumentation, einen Bericht, eine Unterlage oder ein Handbuch. Oder (b) Sie benutzen PowerPoint als «Teleprompter», also als Manuskript, damit Sie ablesen und im schlimmsten Fall vorlesen können. Oder (c) – und das ist unsere bevorzugte Variante – Sie verwenden PowerPoint in seiner eigentlichen Form, wie es entwickelt wurde: als visuelle Unterstützung von Präsentationen. ➤ Mehr dazu in Kapitel 11.

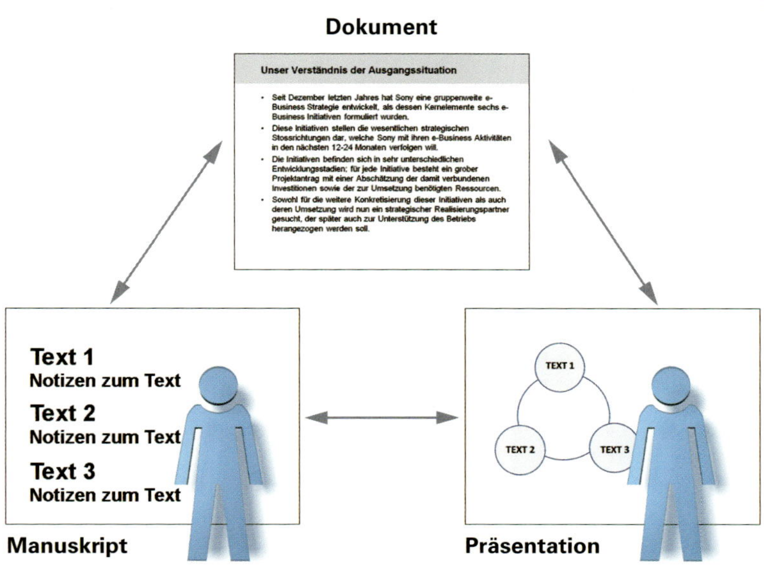

ABBILDUNG 21: Einsatzmöglichkeiten von PowerPoint: Dokument, Manuskript, visuelle Unterstützung

Von der Skizze zu den Folien

Angenommen, Sie kennen bereits das Ziel Ihrer Präsentation, haben eine Idee für die einleitenden Worte, das Thema, die Behauptung und Ihre Inhalte: Bevor Sie jetzt Ihr Notebook aufklappen oder den Computer anschalten und Ihre Präsentation in PowerPoint umsetzen, empfehlen wir einen Zwischenschritt: Beginnen Sie auf Papier. Zeichnen/schreiben Sie Ihre Folien erst einmal auf Papier. Dazu eignen sich leere A4-Blätter. Erst danach setzen Sie die Zeichnungen in PowerPoint um. Mit diesem Vorgehen sparen Sie sich eine Menge Zeit.

Schreiben Sie so wenige Textfolien wie möglich. Stellen Sie sich immer die Frage, ob es möglich ist, Ihren Gedanken in ein Bild umzusetzen. Für Bilder eignet sich PowerPoint nämlich besonders gut.

Folienmaster-Ansicht

Vielleicht geht es Ihnen wie uns: Sie zappen durch eine Präsentation und sehen auf der Leinwand, wie beim Wechsel der Folien das Logo herumspringt: Seine Position ist mal mehr links, mal mehr rechts. Dabei hat sich der Präsentator so viel Mühe gegeben und noch auf jeder der 99 Folien von Hand

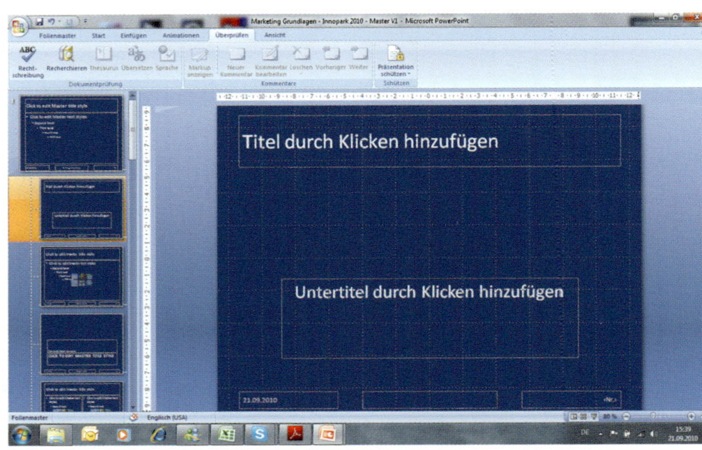

ABBILDUNG 22:
Die Folienmaster-Ansicht

das Logo einkopiert. Das muss nicht sein. Dafür gibt es in PowerPoint eine Funktion: den Masterfoliensatz. Wechseln Sie hierfür in die Folienmaster-Ansicht: Klicken Sie «Ansicht -> Folienmaster».

Im Masterfoliensatz definieren Sie Titel, Schriftgrößen und auch die Platzierung der Titel. Außerdem können Sie Logos, Fußnoten sowie Copyright-Vermerke anbringen und verschiedene Layouts festlegen. Im Folienmaster definieren Sie außerdem den Hintergrund und die Farbgestaltung Ihrer Präsentation. Viele Unternehmen stellen firmeneigene Vorlagen (englisch: templates) zur Verfügung. Diese sind meist bereits fertig und brauchen von Ihnen nur noch eingesetzt zu werden.

TIPP
Bei Firmenpräsentationen fügen Sie auf der Titelfolie (auch) das Kundenlogo ein. Ihr Publikum fühlt sich so direkter angesprochen.

Gliederungsansicht

Die Gliederungsansicht (englisch: outline view) eignet sich, um Ihre Folien zu sortieren. In dieser Ansicht haben Sie jederzeit den Überblick über Ihre Folien. Sie können hier auch direkt die Texte (Titel und Aufzählungspunkte) für die Folien erstellen – ganz ohne die Finger von der Tastatur zu nehmen. Fangen Sie also nicht mit der grafischen Umsetzung von Folie 1 an, sondern öffnen Sie die Gliederungsansicht, um die Struktur zu definieren. So stellen Sie sicher, dass Ihr roter Faden, auch wenn Sie PowerPoint einsetzen, nicht verloren geht.

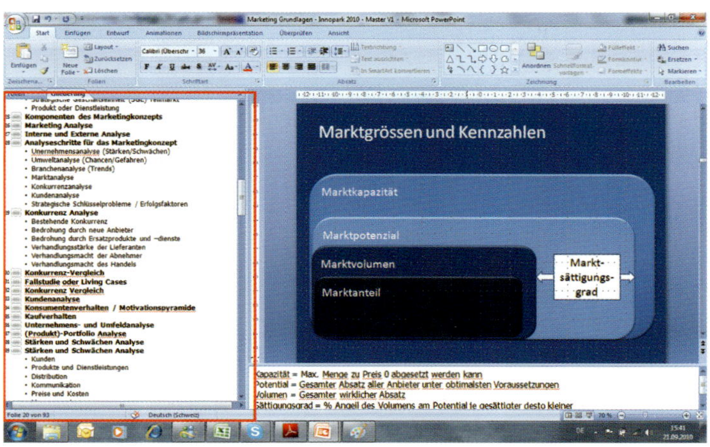

ABBILDUNG 23:
Die Gliederungsansicht

Foliensortierungsansicht

Eine weitere sehr nützliche Ansicht ist die Foliensortierungsansicht (englisch: slide sorter view). In dieser Ansicht können Sie (ebenfalls) Folien sortieren und den Ablauf nochmals hinterfragen. Haben Sie wirklich das beste Argument als Höhepunkt gewählt? Stimmt die Reihenfolge Ihrer Folien? Gibt es eine Geschichte? Einen roten Faden?

ABBILDUNG 24:
Die Foliensortierungsansicht

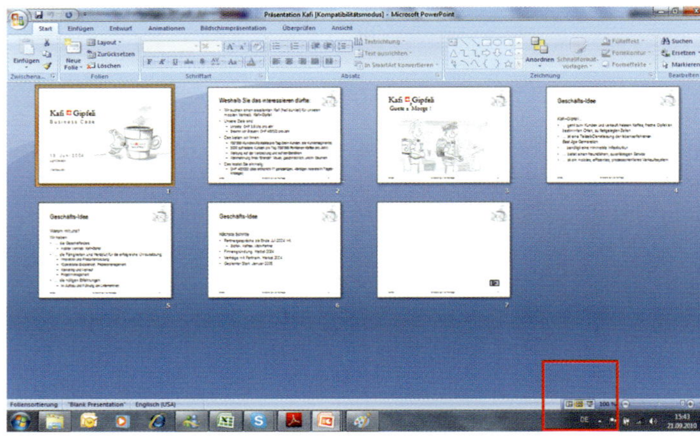

TIPP
Wenn Sie in der Foliensortierungsansicht die Taste «Alt» gedrückt halten, während Sie auf eine Folie klicken, erscheint der Titel der Folie statt der bildlichen Darstellung.

Für weitere Funktionen von PowerPoint empfehlen wir Ihnen unter anderem die Bücher von Microsoft Press. Dort finden Sie mehr Tipps und Tricks, wie Sie gekonnt und schnell in PowerPoint die Folien erstellen, die Sie sich wünschen.

SmartArts, Grafiken und Prozesse

Wir sehen immer wieder, dass viel zu viele Textfolien eingesetzt werden – mit der Betonung auf «Text». Versuchen Sie, wann immer möglich, Ihre Botschaft mit grafischen Elementen zu visualisieren. Stellen Sie Beziehungen zwischen verschiedenen Elementen grafisch dar. Dafür hat Microsoft die SmartArt-Grafiken entwickelt: eine Möglichkeit, wie Sie Prozesse oder Beziehungen aufzeigen können.

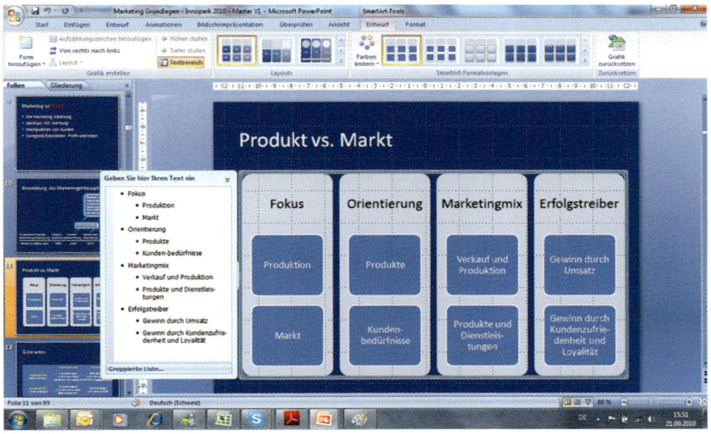

ABBILDUNG 25:
Mit SmartArts Prozesse und Beziehungen visualisieren

Überlegen Sie immer zuerst, was Sie mit einer Grafik aussagen möchten. Führt sie zu einem besseren Verständnis der Thematik? Ist die Grafik lesbar? Interpretiert sie visuell meine Inhalte? Stellen Sie dabei sicher, dass Ihre Grafik zielgruppengerecht ist. Denn nicht immer eignen sich zum Beispiel Balkendiagramme. Vielleicht will Ihre Zielgruppe die Details sehen?

ABBILDUNG 26:
Bild[22], Balkendiagramm, Zahlentabelle

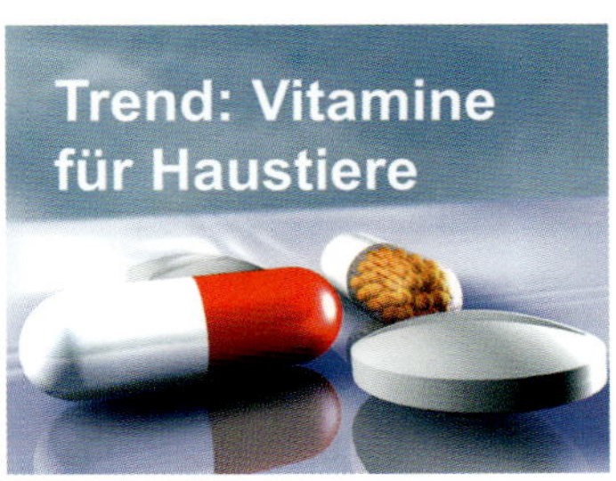

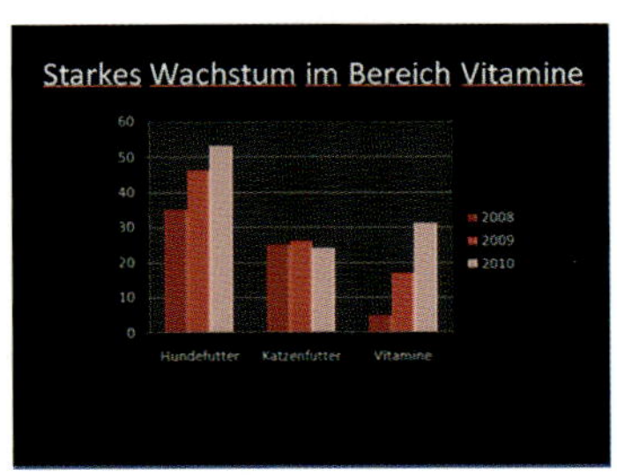

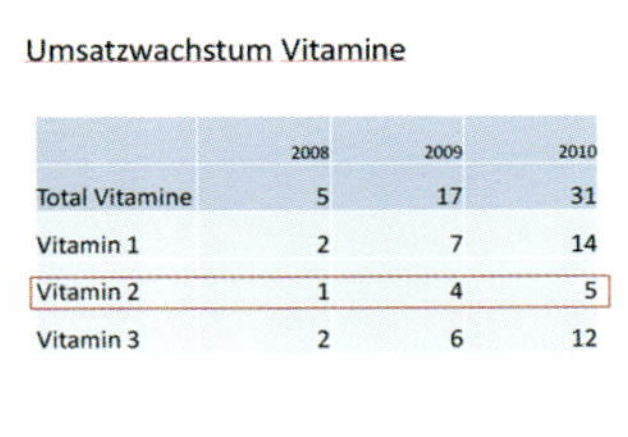

Umsatzwachstum Vitamine

	2008	2009	2010
Total Vitamine	5	17	31
Vitamin 1	2	7	14
Vitamin 2	1	4	5
Vitamin 3	2	6	12

Zahlen in Tausend €

Abbildung 26 zeigt, wie Sie je nach Zielgruppe oder beabsichtigter Botschaft die Information anders aufbereiten können. Erstens mit einer emotionalen Folie und der Hauptaussage, dass Vitamine bei Haustieren im Trend liegen.

Zweitens mit einer etwas detaillierteren Sicht auf die Zahlen und deren Entwicklung anhand eines Balkendiagramms. Oder drittens mit detaillierten Informationen nach Produktgruppen, die in einer Tabelle zusammengestellt sind. Alle drei Folien sind gut, je nach Zielgruppe und Botschaft ist jedoch die eine oder die andere angemessen.

TIPP
Wenn Sie mehrere Grafiken hintereinander zeigen, achten Sie darauf, dass sich die Achsen der Grafiken im gleichen Abstand vom linken und unteren Seitenrand auf der Folie befinden. So vermeiden Sie beim Folienwechsel den Eindruck, dass die Grafiken hin- und herspringen.

Wir empfehlen Ihnen, Tabellen und Zahlen nur zu verwenden, wenn sie tatsächlich relevant sind. Wollen Sie Trends oder Interaktionen aufzeigen, dann stellen Sie diese in den Vordergrund. Wenn Sie komplexe Daten vermitteln müssen, heben Sie einige wichtige Punkte hervor (wie zum Beispiel in Abbildung 26 mithilfe des roten Rahmens auf der Folie ganz rechts). Präsentieren Sie auf jeden Fall nur die wirklich notwendige Information, um Ihre Botschaft zu transportieren. Lassen Sie alle nicht relevanten Daten weg. Bei komplexen Tabellen fassen Sie Zeilen zusammen und bilden Gruppen, das macht die Tabelle leichter lesbar.

Textfolien

Neben der Verwendung von zu großen Textmengen auf den Folien beobachten wir oft auch einen wilden Umgang mit Schriftarten. Wichtigstes Credo hier ist die Lesbarkeit.

Diese Regeln sollten Sie befolgen:

- Benutzen Sie die von Ihrer Firma vorgegebene Schriftart.
- Vermeiden Sie Unterstreichungen.
- Verwenden Sie Groß- und Kleinbuchstaben (also nicht nur GROSSBUCHSTABEN).
- Schreiben Sie nicht alles kursiv.
- Wenn Sie Farbe einsetzen, tun Sie es bewusst, um etwas hervorzuheben, aber nicht, damit es einfach bunt ist.
- Schreiben Sie alles in derselben Schriftart, außer Sie möchten etwas hervorheben.
- Stellen Sie sicher, dass die Schrift groß genug ist, sodass das Publikum den Text ohne Mühe lesen kann.

Überprüfen Sie bei Textfolien, ob Sie die Information reduzieren können, um sie noch lesbarer zu machen. Wenn Sie dieselbe Botschaft visuell darstellen können, sollten Sie das auch tun. Textfolien sind prinzipiell langweilig, regen zum Lesen an und halten das Publikum vom Zuhören ab. ➤ Siehe Kapitel 11.

ABBILDUNG 27:
Beispiele für schlecht leserliche Textfolien

Titel und Hierarchien

Die Titel der Folien sollten kurz und prägnant sein. Wenn Sie einen Titel formulieren, fragen Sie sich: Wie lautet die Aussage dieser Folie, welche Information möchte ich in den Vordergrund stellen? Versuchen Sie, bereits im Titel eine Aussage zu treffen: also nicht «Pojektplan», sondern «Projekt auf Kurs», falls Sie einen Projektstatus besprechen.

Stellen Sie sicher, dass die Haupttitel Ihrer Folien klar hervortreten. Ein häufiger Fehler ist, dass Untertitel durch Farbe oder Schriftgröße zu viel Gewicht bekommen. Auf jeden Fall sollte eine klare Hierarchie der Titel und Punkte auf Ihren Folien ersichtlich sein.

TIPP

Faustregel: Verwenden Sie eine Mindestschriftgröße von 16 Punkt. Alles, was kleiner ist, ist nicht mehr lesbar und verleitet dazu, zu viel auf die Folie zu schreiben.

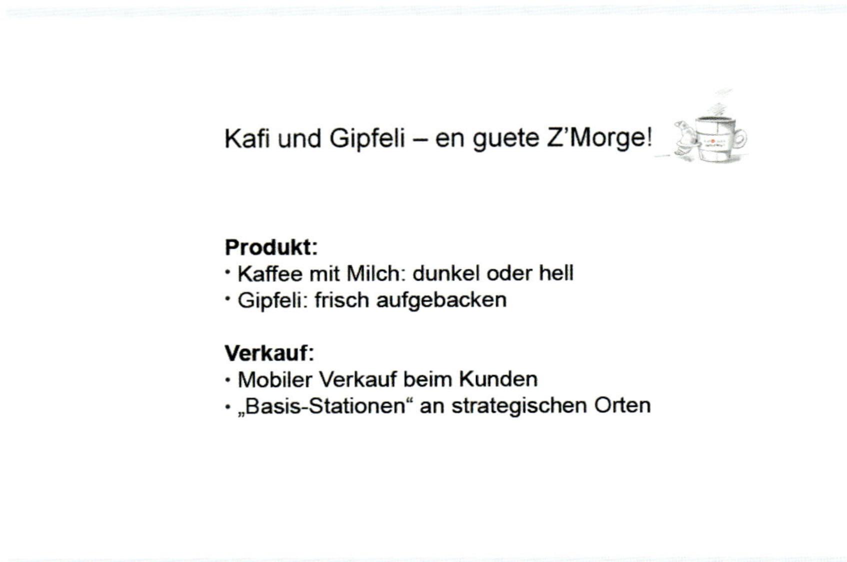

ABBILDUNG 28: Beispiel für eine strukturierte Textfolie

Schriftgröße und Lesbarkeit

TIPP
Gehen Sie bereits vor der Präsentation in den Saal. Starten Sie Ihre Präsentation, begeben Sie sich in die hinterste Reihe und prüfen Sie, ob Sie die kleinste Schrift noch lesen können.

Unleserliche Folien sind reine Zeitverschwendung für Sie und Ihr Publikum. Wenn Sie entscheiden, einen Sachverhalt auf eine Folie zu schreiben, weil er wichtig genug ist, ihn zu präsentieren, dann sollte der Text auch für das Publikum lesbar sein. Aber wie groß oder wie klein ist lesbar? Berücksichtigen Sie die Größe Ihrer Projektionsfläche (Leinwand), die Größe des Saals und die Lichtstärke des Projektors. Die folgende beispielhafte Tabelle (oder so eine ähnliche) finden Sie bei vielen Projektoren in der Gebrauchsanleitung. Sie können daraus die Mindestschriftgröße in Relation zu der Leinwandbreite und der Distanz zur Leinwand ablesen. So ist zum Beispiel bei einer Leinwandbreite von 2 Metern eine Schrift mit der Größe von 16 Punkt bis auf eine Distanz von 4,5 Metern noch lesbar. Vorsichtshalber kalkulieren Sie eine Unschärfe von etwa 10 Prozent ein, denn viele Zuschauer sind Brillenträger oder sollten es sein.

Schriftgröße	Leinwandbreite 2 Meter	2,5 Meter	3,5 Meter
16 Punkt	4,5 m	5 m	6 m
18 Punkt	7 m	7,5 m	9 m
20 Punkt	9 m	10 m	14 m
22 Punkt	10 m	12 m	15 m
24 Punkt	13 m	15 m	18 m
30 Punkt	15 m	18 m	21 m
32 Punkt	19 m	20 m	24 m

ABBILDUNG 29:
Schriftgrößen in Abhängigkeit von Leinwandbreite und Distanz zur Leinwand

Form versus Inhalt

Wir hören immer wieder, dass es doch auf den Inhalt ankomme und nicht auf die Form. Das stimmt unseres Erachtens nur zum Teil. Wir pflichten bei, dass ein guter Inhalt wichtig ist. Ohne ihn geht es nicht. Aber hier spielt wieder eine der wichtigsten Regeln der Rhetorik eine Rolle: «Die Präsentation darf nicht langweilen.» Auch die Form muss stimmen. Denn ein schlecht präsentierter Inhalt, er mag noch so genial sein, wird kaum wahrgenommen. Eine gute Präsentation hat da einer schlechten vieles voraus. Ein Software-Experte hat einmal sogar gesagt: «Wenn ich eine neue Software vor einer Gruppe von Software-Experten vorstelle, interessieren die sich für die Eigenschaften herzlich wenig. Sie wollen einfach sagen können: ‹Wow, die Software sieht gut aus.›»

Die Konsequenz für uns Redner: Die Präsentation muss einheitlich gestaltet sein und benötigt Design. Es darf keine Rechtschreibfehler geben, keine Additionsfehler. Die Folien müssen kurz, knapp und übersichtlich sein und auch das Auge ansprechen.

Scharlachrot oder Lindengrün?

Die Mehrheit der Menschen gehört zum visuellen Typ, weshalb Farben auch bei Präsentationen eine große Rolle spielen. «Farben sind Geschmackssache», mögen Sie jetzt sagen. Ja, durchaus. Trotzdem:

Bei der Verwendung von Farben gibt es einiges zu beachten:

- Wählen Sie in jedem Fall klare Kontrastfarben, zum Beispiel im Zusammenspiel zwischen dem Hintergrund und der Textfarbe.
- Die Farben sollten die Lesbarkeit nicht beeinträchtigen, weder auf dem Projektor, dem Bildschirm noch in der gedruckten Form (falls Sie Handouts abgeben). Achten Sie besonders auf genügend Kontrast, wenn Sie Farbfolien in Schwarz-Weiß ausdrucken.
- Berücksichtigen Sie die emotionale Wirkung von Farben und setzen Sie Farben bewusst ein. Zum Beispiel übt eine ganz in Rot gehaltene Folie sofort eine aggressive Wirkung auf das Publikum aus, während Blau- und Grüntöne eher beruhigend wirken.
- Stimmen Sie die Farben auf das Corporate Design Ihrer Firma ab.
- Verwenden Sie nicht zu viele Farben. Zu bunte Präsentationen wirken unseriös.

TIPP

Machen Sie bei wichtigen Präsentationen vorher einen Test mit dem Projektor. Nicht immer zeigt er die Farben so an wie auf dem Bildschirm. Projizieren Sie Ihre Folien und gehen Sie im Raum umher: So stellen Sie fest, ob die Folien von jedem Platz aus leserlich sind.

Mangelnder Kontrast auf Ihren Folien kann die Lesbarkeit erheblich beeinträchtigen. Zum Beispiel eignet sich eine blaue Schrift nicht auf rotem Hintergrund, noch weniger eine Schrift in ähnlichem Farbton wie der Hintergrund. Die Schriftfarbe sollte sich deutlich abheben. Verwenden Sie deshalb am besten Kontrast- oder Komplementärfarben wie etwa Schwarz auf Weiß oder Hellgrau auf Blau.

Textfarben

Die üblichen Textfarben sind Schwarz oder Blau. Seit Jahrhunderten sind wir sie von der schwarzen und blauen Tinte gewohnt. Diese Farben eignen sich auch am besten für Präsentationen, wenn Sie einen hellen Hintergrund verwenden. PowerPoint gibt Ihnen jedoch auch die Möglichkeit, einen dunklen Hintergrund zu wählen. In diesem Fall sollten Sie eine weiße oder zumindest helle Schriftfarbe aussuchen.

Eine helle Schrift auf einem dunklen Hintergrund ist angenehmer zu lesen, falls Ihr Publikum von der Leinwand ablesen soll. Zudem wirkt es oftmals eleganter. Falls Sie Bilder im Hintergrund einsetzen, beachten Sie, dass die Schrift dennoch leserlich bleibt.

Für Papier oder Handouts empfehlen wir eine dunkle Schrift auf hellem Hintergrund.

TIPP

Besonders zu großen Anlässen passt ein dunkler, formeller Hintergrund.

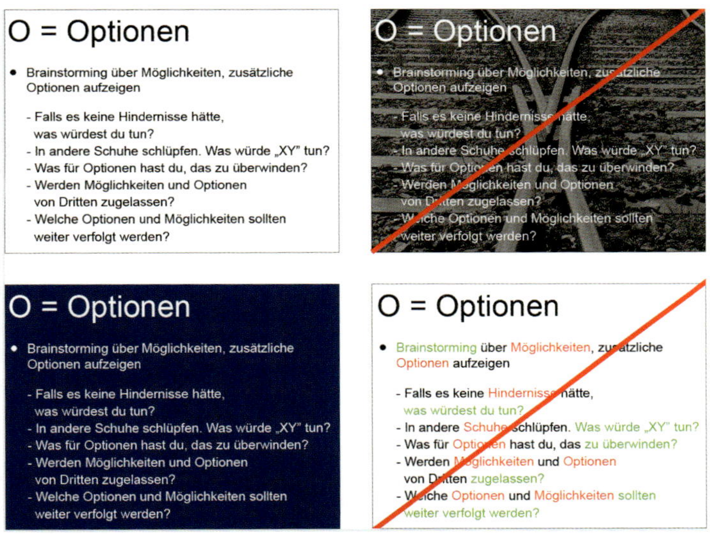

ABBILDUNG 30:
Geeignete und ungeeignete Farbkombinationen und Varianten des Hintergrunds[23]

In der folgenden Tabelle haben wir die wichtigsten Schriftfarben und deren Bedeutung (für die westliche Welt) zusammengefasst:

ABBILDUNG 31:
Schriftfarben und ihre Wirkung

Farbe	Wahrnehmung	Betonung
Schwarz	sachlich, korrekt	negativ
Blau	freundlich, sachlich	kühl, erfrischend
Rot	Achtung, Gefahr, wichtig	aggressiv
Grün	gut, positiv	beruhigend, Hoffnung

Hintergrundbilder und Einfärben von Folien

Häufig werden bei Präsentationen ganze Bilder als Hintergrund verwendet. Wenn Sie das tun, dann bitte nur mit Vorsicht. Es empfiehlt sich, das betreffende Bild einmal in voller Farbenpracht und Auflösung zu zeigen und es dann für die weitere Verwendung relativ stark zu reduzieren. So können Sie das Bild sozusagen als Wasserzeichen dezent einsetzen (siehe Abbildung 32). Nutzen Sie dazu die Möglichkeiten von PowerPoint, mit denen Sie ein Bild ideal und einfach einfärben können (siehe Abbildung 33). Wichtig ist auch hier wieder der Kontrast zwischen Schriftfarbe und Bild und dass die gewählten Farben zusammenpassen.

ABBILDUNG 32:
So bleibt das Hintergrundbild tatsächlich im Hintergrund.

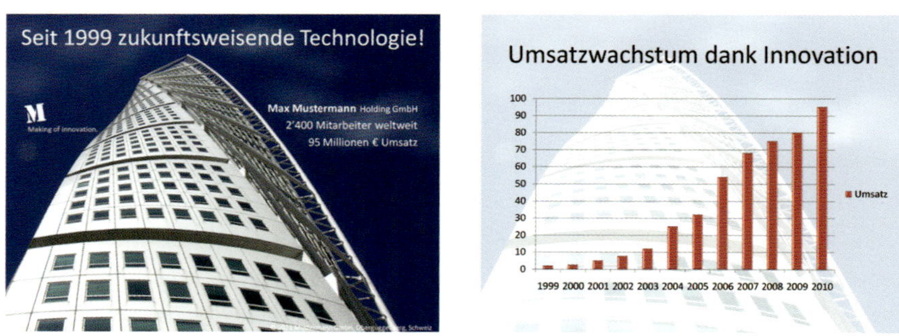

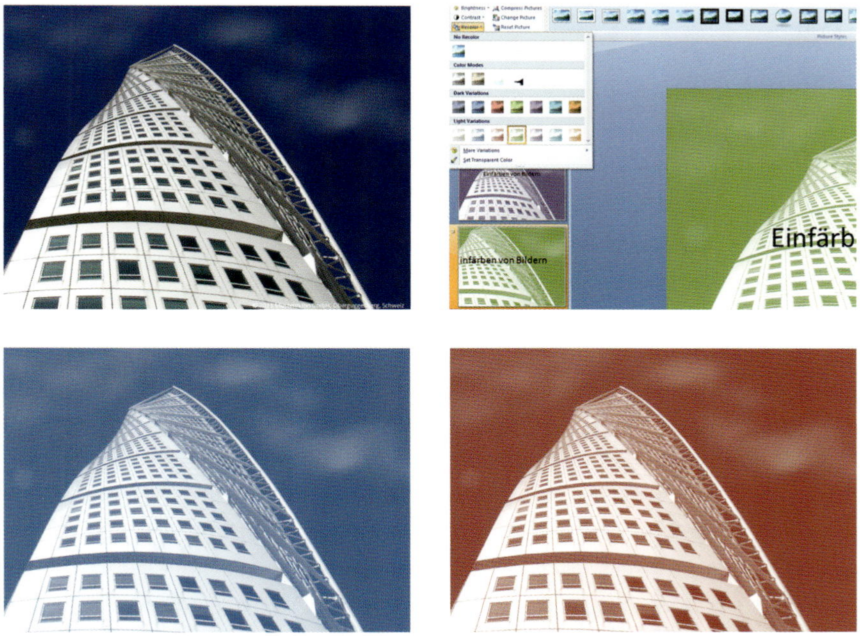

ABBILDUNG 33:
Unterschiedliche Einfärbung von Bildern

Wenn Sie ein Hintergrundbild verwenden möchten, dann immer dasselbe, denn zu viele Wechsel wirken verwirrend. Achten Sie in jedem Fall darauf, dass die Schrift oder die Grafiken gut lesbar bleiben, denn sie sind die Botschaft, nicht das Hintergrundbild.

Wann brauche ich ein Grafikbüro?

Vor allem bei wichtigen Präsentationen vor großem Publikum oder für Präsentationen, die regelmäßig von verschiedenen Personen im Unternehmen genutzt werden, ist es ratsam, die Folien von einem Profi grafisch gestalten zu lassen. Aber Achtung: Ein Gestaltungsbüro übernimmt für Sie nicht die Denkarbeit. Die Struktur, die Inhalte und die Botschaften müssen Sie vorher selbst entwickeln. Nur schönes Design reicht nicht aus!

Voraussetzung für ein gutes Ergebnis ist ein sorgfältiges Briefing des Gestaltungsbüros. Damit Ihnen das leichter fällt, sind im folgenden Kasten die wichtigsten Vorüberlegungen zusammengestellt.

Diese Informationen benötigt der Grafiker:
- Was macht Ihr Unternehmen/Ihre Dienstleistung aus?
- Wie wollen Sie sich präsentieren: laut, leise, bunt, dezent, modern, exklusiv etc.?
- Haben Sie ein Corporate-Design-Handbuch, an das es sich zu halten gilt?
- Haben Sie die Clear-Message-Struktur formuliert und einen Entwurf der Folien auf Papier gezeichnet?
- Was möchten Sie grafisch umgesetzt haben: ein Modell, einen Prozess, eine Animation oder eine ganze Präsentation?

Wenn Sie die obigen Fragen beantworten können, dann sind Sie bereit für die Auswahl eines Gestaltungsbüros. Unsere Erfahrung hat gezeigt, dass sich Werbeagenturen in den meisten Fällen nicht eignen, denn ihre Exper-

ABBILDUNG 34:
Beispiel 1:
Skizze – selbst gemachte Folie – vom Profi erstellt

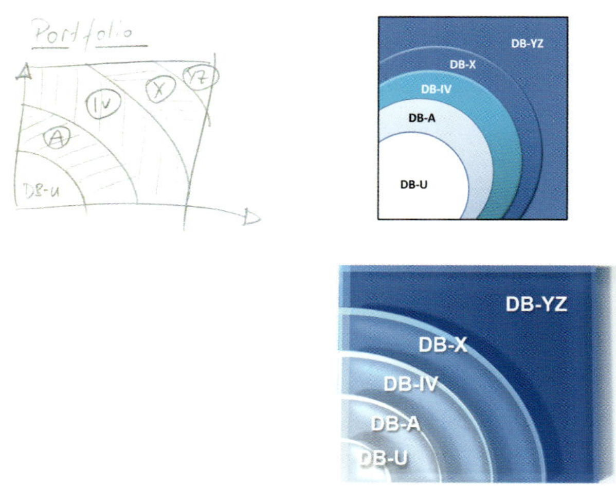

tise liegt im Gestalten von Kommunikationsmitteln. Designbüros oder Gestaltungsbüros erarbeiten hingegen hauptsächlich langfristige Gestaltungsbausteine, die Sie später weiterverwenden können. Lassen Sie sich Arbeitsproben zeigen (zum Beispiel Präsentationen, Grafiken, Animationen

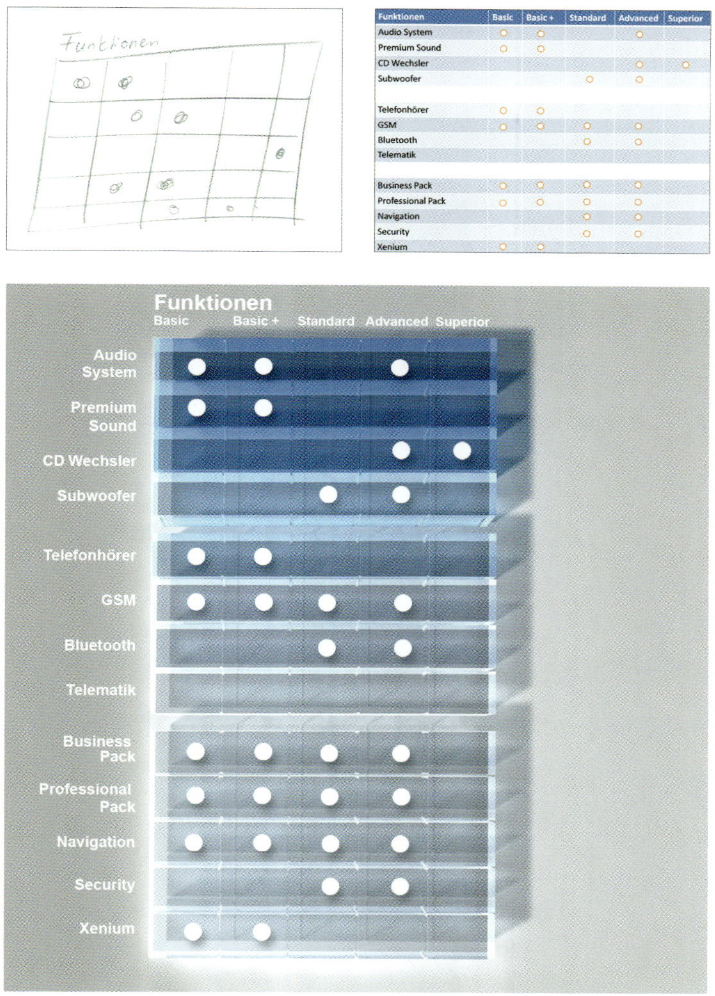

ABBILDUNG 35:
Beispiel 2:
Skizze – selbst gemachte Folie – vom Profi erstellt

und Erscheinungsbilder). Oft kommen auch Freiberufler oder Einzelfirmen infrage, die Ihre Entwürfe gekonnt umsetzen.

Die Abbildungen 34 und 35 veranschaulichen den Weg von der Skizze zur professionell erstellten Grafik.

Das folgende Bild, das von einem Grafikbüro angefertigt und auch für eine Plakatkampagne verwendet wurde, ist unseres Erachtens besonders gut gelungen: Es spricht direkt den Tastsinn an.

ABBILDUNG 36: Kampagne gegen Alkohol am Steuer. Professionell umgesetzt[24]

MOULIN POINT
HURRA!
Er übertreibt etwas mit Animationen!

AUF DEN PUNKT GEBRACHT

Setzen Sie Software-Animationen nur aus didaktischen Gründen und für maximal einen spielerischen Gag ein.

Kapitel 10: «Bin ich hier in einem Film, oder was?»

Animationen werden in der Praxis kaum mehr benutzt und sind inzwischen ziemlich verpönt. Es gibt allerdings zwei Gründe, sie trotzdem zu verwenden: einen didaktischen und einen unterhaltenden Grund.

Betrachten wir die Situation genauer. Die übliche Schwierigkeit ist: Sie möchten einerseits das Publikum durch die PowerPoint-Präsentation führen. Andererseits ist es Ihnen wichtig, dass Ihnen das Publikum zuhört und mit Ihnen beim selben Gedanken ist. Beides gleichzeitig zu erreichen ist kaum möglich und führt schnell zu schlechten Präsentationen. Um dieser Schwierigkeit zu entgehen, setzt man Animationen ein. Sie sind des Weiteren auch beim Aufbau von komplexen Modellen angebracht, deren Gesamtsicht das Publikum zunächst überfordern würde. Dies sind die didaktischen Gründe.

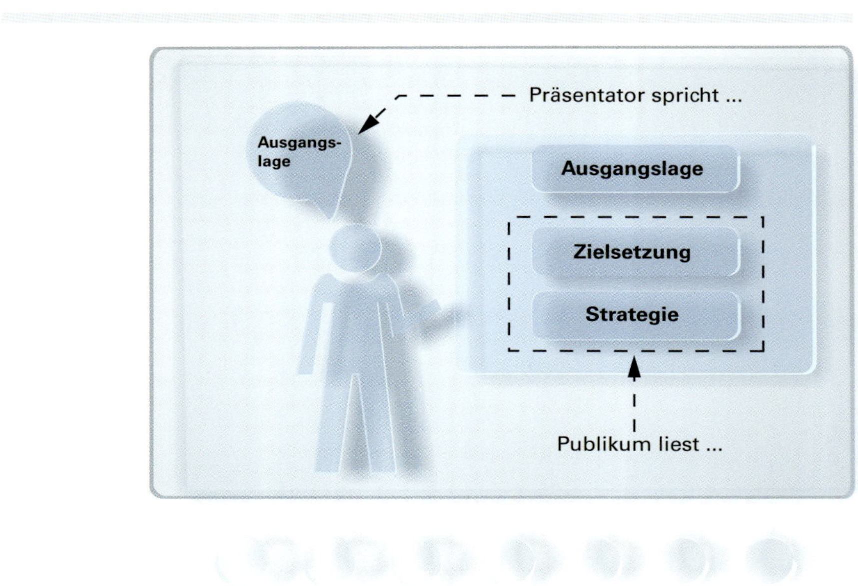

ABBILDUNG 37:
Der Präsentierende spricht das erste Wort, die Zuschauer lesen bereits weiter.

Der unterhaltende Grund ist: Sie wollen Ihr Publikum mit etwas überraschen. Dies kann durchaus gelingen. Allerdings empfehlen wir, einen solchen Überraschungseffekt nur einmal pro Präsentation einzusetzen. Mehr wirkt meist übertrieben und unseriös. Wann gilt es also zu animieren und wann nicht?

Animationen eignen sich hervorragend, wenn Sie Folgendes darstellen möchten:
- die Veränderung einer Beziehung (zweier oder mehrerer Objekte)
- die Veränderung einer Ausrichtung
- die Veränderung von Objekten
- die Veränderung einer Reihenfolge
- eine Hervorhebung
- den schrittweisen Aufbau eines Sachverhalts

Wir empfehlen Ihnen, auf die aufregenden Animationseffekte von PowerPoint zu verzichten und einfach die Objekte oder Texte erscheinen zu lassen. Vermeiden Sie ein «Hereinfahren» von Text oder ein Aufblinken von einzelnen Buchstaben. Benutzen Sie auch immer dieselbe Animation, variieren Sie nicht. Animieren Sie, wenn immer möglich, anhand der X- oder Y-Achse, horizontal oder vertikal. Diagonale Animationen können rasch einen verspielten und unseriösen Eindruck machen. Auf zusätzlichen Sound oder gar Musik sollten Sie möglichst verzichten. Auch Folienübergänge sind nur in ganz seltenen Fällen ratsam.

TIPP

Weniger ist mehr – auch bei Animationen. Die Animationsformen «zufällig», «zentriert auflösen» oder «rotieren» beispielsweise können leicht kindisch wirken.

Für die Darstellung komplexer Informationen, Grafiken und Prozesse eignen sich die folgenden Animationen:
- Erscheinen: einfach und klar (unser Favorit)
- Auflösen: wenn Sie etwas auflösen wollen
- Verfärben: wenn Sie Textfolien animieren
- Absteigend: wenn Sie Elemente haben, die sich verringern
- Aufsteigend: wenn Sie Elemente haben, die sich vergrößern oder aufbauen

Bei besonders wichtigen und größeren Präsentationen sollten Sie für Animationen ein Grafikbüro oder Designstudio hinzuziehen. Profis haben mehr Möglichkeiten, zu animieren und komplexe Abläufe stilgerecht darzustellen.

➤ Siehe dazu Kapitel 9.

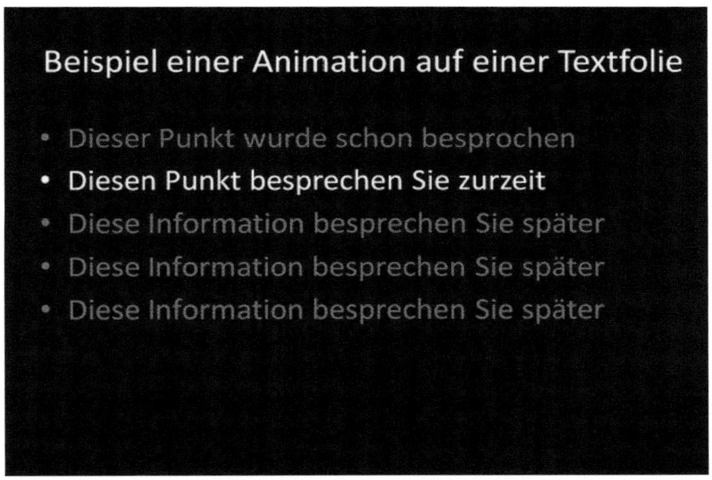

ABBILDUNG 38: Animationsbeispiel: Der zweite Aufzählungspunkt wird farblich hervorgehoben.

Überlegen Sie sich grundsätzlich, ob Sie Ihre Modelle nicht besser auf einem Flipchart entwickeln können. Selbst ein nur durchschnittlicher Zeichner sollte dies in Erwägung ziehen. Hier gibt es einen guten alten Moderatoren-Trick: Zeichnen Sie mit Bleistift die Umrisse vor, so können Sie die Platzverhältnisse auf dem Blatt besser einteilen. Die Bleistiftskizzen kann das Publikum nicht sehen. Zeichnen Sie dann Schritt für Schritt das Modell oder den Prozess auf dem Flipchart oder an der Pinnwand mit dem Filzstift nach. Diese Vorgehensweise ist sehr effektiv und erlaubt Ihnen auch spontane Anpassungen an das Modell und Ergänzungen, die bei einer PowerPoint-Animation nicht möglich sind.

Animation von Prozessen

Der schrittweise Aufbau von Informationen eignet sich sehr gut bei der Darstellung von Prozessen, zeitlichen Abläufen oder dem Erreichen von Zielen. Der Aufbau signalisiert so die Veränderung oder den Fortschritt. Auf diese Weise können Sie auch komplexe Sachverhalte hervorragend auf einer einzigen Folie zeigen.

In der folgenden Abbildung haben wir einen Verkaufsprozess zuerst von Hand auf Papier skizziert, dann auf einer Folie umgesetzt (in Tabellenformat) und danach auf einem Zeitstrahl mithilfe einer SmartArt-Grafik (auf zwei Folien) dargestellt. Die Fülle der Informationen kann damit einfach verständlich, aufbauend und animiert gezeigt werden. Wenn Sie dagegen die gesamten Fakten auf einmal vorlegen, ist das Publikum meist überfordert. Hier ist Animation nicht nur angebracht, sondern sogar ein Muss.

ABBILDUNG 39: Von der Handzeichnung zum animierten Prozess

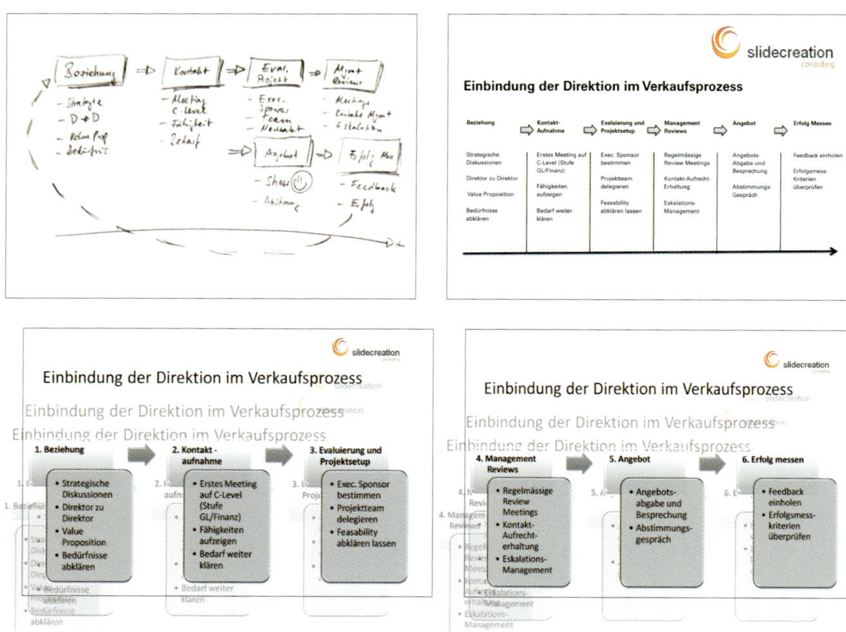

Animation von SmartArt-Grafiken

Oft werden wir von Präsentatoren gefragt, ob man auch SmartArts animieren kann. Ja, das ist möglich, denn gerade eine SmartArt-Grafik ist auch nur eine grafische Darstellung einer Information, die zum Beispiel aufeinander aufbauende oder nacheinander ablaufende Elemente enthält. Also ideal für eine Animation. Leider hat hier Microsoft die Animationsfunktion etwas versteckt eingebaut.

So gehen Sie beim Animieren eines SmartArts vor:

- Stellen Sie sicher, dass Sie dem SmartArt bereits die gewünschte Animation hinzugefügt haben. (Im Aufgabenbereich rechts am Bildschirm sehen Sie dann einen Eintrag in der Tabelle der benutzerdefinierten Animationen für diese Folie.)
- Klicken Sie auf den Drop-down-Pfeil.
- Wählen Sie das Menü «Effektoptionen».
- Wählen Sie den Reiter «SmartArt Animation». Hier haben Sie die Möglichkeit, das SmartArt zu animieren.

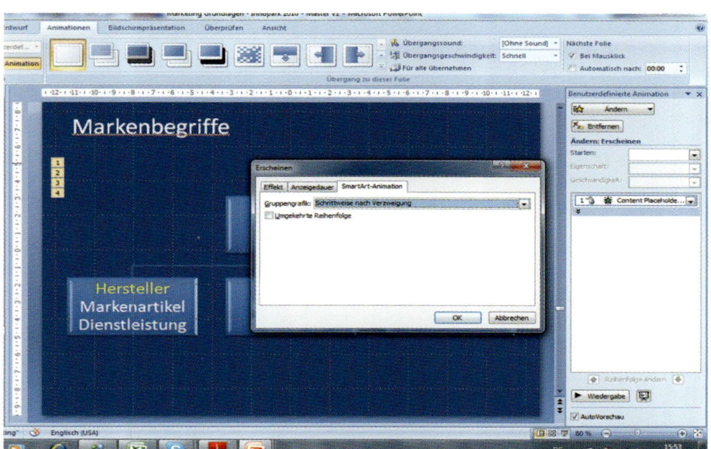

ABBILDUNG 40:
Animation von SmartArts

Das animierte SmartArt kann Schritt für Schritt aufgebaut werden, zum Beispiel in vier Schritten, wie es Abbildung 41 zeigt. Auf diese Weise können Sie zu jedem Teil des Prozesses die jeweiligen Erläuterungen geben. Das wirkt professionell und erleichtert dem Publikum das Verständnis.

ABBILDUNG 41: Beispiel für eine animierte Smart-Art-Grafik

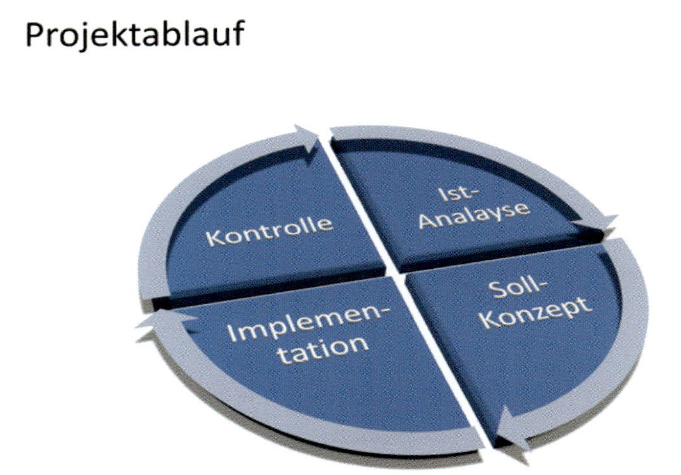

Sinnvoller Einsatz von Videofilmen

Das Zeigen eines Videos kann Ihre Präsentation durchaus sinnvoll ergänzen, gerade bei komplexen Abläufen oder Produkten, in Schulungen oder als Auflockerung. Ein Film sollte jedoch immer die gesamte Aufmerksamkeit auf sich ziehen und darum im Vollbildmodus abgespielt werden. Denn nichts ist langweiliger als ein klein dargestelltes Video, bei dem sich jeder fragt, was er da eigentlich sehen sollte.

Stellen Sie sicher, dass die Qualität Ihres Videos ausreicht, um es im Vollbildmodus abzuspielen. Verlassen Sie sich dabei aber nicht auf die Darstellung am Bildschirm, sondern testen Sie das auch mit dem Projektor. Prüfen Sie außerdem die Lautstärke; gegebenenfalls benötigen Sie zusätzliche Lautsprecherboxen, um den Ton zu verstärken.

Führen Sie keine zu langen Filme vor oder solche, die nicht hundertprozentig relevant sind. Es gibt nichts Peinlicheres als das Abspielen eines Films nur um des Films willen.

Wir empfehlen Ihnen, die Präsentation und das dazugehörige Video in einem gemeinsamen Dateiordner abzulegen. So stellen Sie jederzeit die Verfügbarkeit des Videos als eingebundenes Objekt in Ihrer Präsentation sicher. Spielen Sie Videos nicht von einem USB-Stick oder von einer CD-ROM ab. Um ein Problem mit der Rechenleistung Ihres Computers zu vermeiden, kopieren Sie den ganzen Dateiordner auf die Festplatte des Präsentationsrechners.

TIPP

Videos sind dann die erste Wahl, wenn ein Foto zu wenig Information oder zu wenig Emotionen zeigen kann. Videos erzeugen Stimmung, die Sie bewusst einsetzen können.

Was hast du für ein Opernglas?
Das ist ein TR (T-REX): der Textreduzierer!

AUF DEN PUNKT GEBRACHT

Die PowerPoint-Präsentation soll Sie unterstützen, nicht ersetzen. Reduzieren Sie die Inhalte Ihrer Folien: Weniger ist mehr.

Kapitel 11: «Ich hab's bereits gelesen. Jetzt habe ich eine Frage»

Jemand erzählt einen Witz. Sie kennen ihn schon. Noch bevor der Witz zu Ende ist, verspüren Sie Langeweile und Ungeduld. Genauso geht es den Teilnehmern, wenn Sie bereits vor der Präsentation die exakt gleiche Kopie Ihres Vortrags ausgedruckt zur Verfügung stellen. Das Publikum blättert durch die Folien und kaum hat die Präsentation begonnen, kommt schon die erste Frage.

Präsentation oder Dokumentation?

Einverstanden, die eierlegende Wollmilchsau gibt es nicht, aber immerhin einen großen Bereich zwischen den beiden Extremen. Das eine Extrem: Ich verteile nichts an die Teilnehmer. Das andere Extrem: Ich gebe eine Dokumentation ab. Letzteres erleben wir oft bei Unternehmensberatern. Alles wird auf die Folie geschrieben – als Fließtext wie in einem Buch, einem Manuskript oder in einer Dokumentation. Alles ist in vollständigen Sätzen ausformuliert – mit allen Legenden, Quellenangaben und Fußnoten. Das Publikum ist völlig überfordert. Denn es kann nur eine Sache auf einmal machen: entweder zuhören oder lesen. (Dies soll besonders auf Männer zutreffen; Frauen sagt man bessere Multi-Tasking-Fähigkeiten nach.) Solange der Zuhörer liest, wird er Ihren Worten keine Aufmerksamkeit schenken. Schlimmer noch: Wenn er die Folien bereits gelesen hat, dann ist die Gefahr sehr groß, dass er gleich zu Beginn auf irgendeine Folie springt und eine Frage zu deren Inhalt stellt, den Sie erst später in der Präsentation behandeln wollten.

Die Gretchenfrage: Wie viel soll auf die Folie?

TIPP

Boden-Augen-Test: Drucken Sie Ihre Folien auf A4-Blätter aus und legen Sie die Blätter auf den Boden. Wenn Sie die Blätter im Stehen problemlos lesen können, ist die Schrift groß genug.

Die folgenden Grundregeln sollten Sie beachten:

1. Entscheiden Sie sich bewusst, ob Sie die Folien als Dokumentation oder als Unterstützung der Präsentation verwenden. Nötigenfalls erstellen Sie zwei Varianten oder nutzen die Notizenansicht. ➤ Siehe Seite 127.
2. Die PowerPoint-Präsentation ist kein Manuskript mit Fließtext: Weniger ist mehr.
3. Streichen Sie Quellenangaben und erwähnen Sie die Quellen stattdessen mündlich.
4. Schreiben Sie den Fließtext (und die Quellenangaben) in die Notizen.
5. Beschränken Sie sich auf nur eine Botschaft pro Folie.
6. Machen Sie mit Ihren Folien den Boden-Augen-Test.
7. Wenn ein Bild mehr sagt als tausend Worte, dann sagen Sie es mit einem Bild.
8. Wenn es ohne Folie geht, dann verwenden Sie auch keine.

Was soll tatsächlich auf die Folie?

TIPP

«KISS: Keep it short and simple.» Halten Sie die Präsentation kurz und knackig mit der 5 x 5-Regel für Textfolien: maximal 5 Punkte mit je maximal 5 Wörtern.

Unterscheiden Sie immer zwischen der Information, die Sie auf der Folie haben möchten, und dem, was Sie dazu sagen wollen. Entfernen Sie auf der Folie Zusatzbemerkungen oder Füllwörter und straffen Sie die Sätze. Die folgende Abbildung zeigt ein Beispiel, wie man den Inhalt einer Folie auf das Wichtigste reduziert.

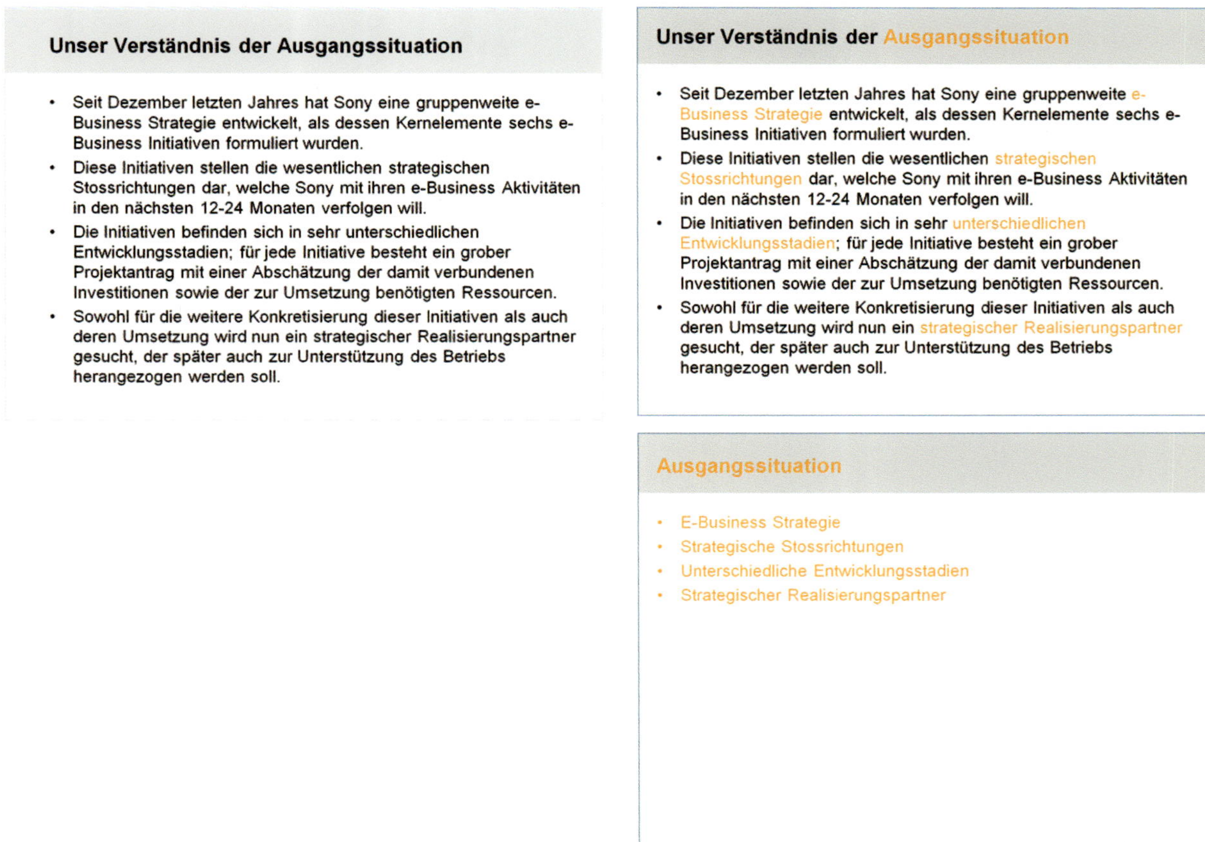

ABBILDUNG 42:
Vom Volltext zu den Schlüsselwörtern

Die Notizenansicht

Wenn Sie den gesamten Fließtext zur Verfügung stellen müssen, sollten Sie das mithilfe der Notizenansicht tun. Der Ausdruck enthält dann in der oberen Hälfte die Folienansicht und in der unteren den Fließtext.

Geben Sie den Ausdruck mit dem Fließtext erst nach der Präsentation ab. Oder noch besser: Sie stellen einen Link zur Verfügung, mit dem sich die Teilnehmer die komplette Präsentation (inklusive Fließtext in den Notizen) nach der Veranstaltung herunterladen können.

ABBILDUNG 43:
Ausdruck der Notizenansicht

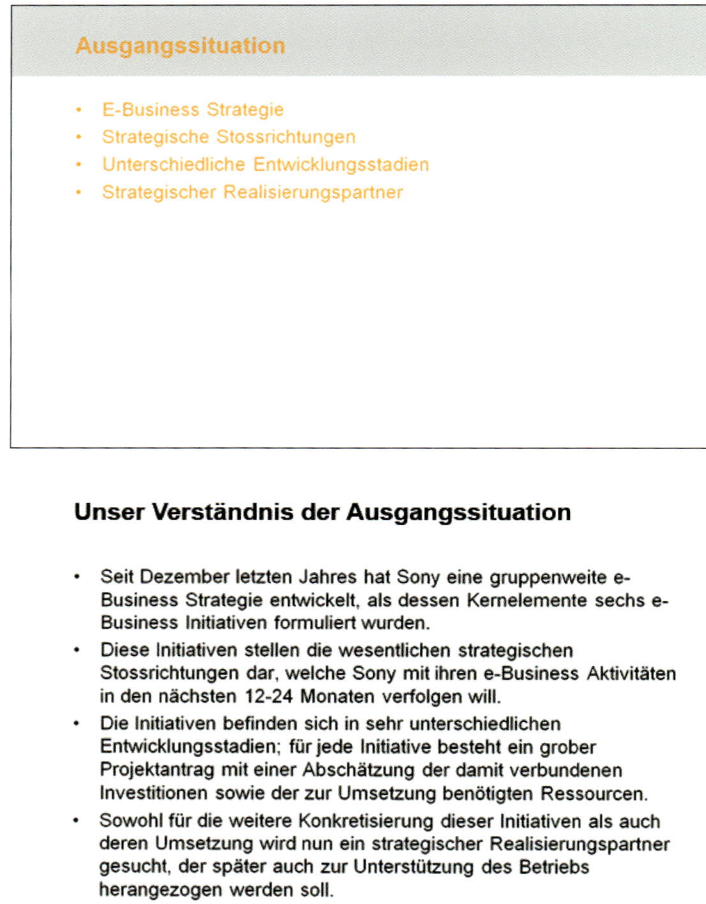

Handouts – ja oder nein?

Es gibt sowohl für das Verteilen von Material Argumente als auch dagegen.

Für Handouts spricht, dass manche Teilnehmer gern etwas in der Hand halten, damit sie nicht alles mitschreiben müssen, sondern sich an den Stellen Notizen machen können, wo es in ihren Augen nötig und sinnvoll ist.

Gegen Handouts spricht, dass die Zuhörer – und der Präsentierende – durch das Blättern in den Unterlagen abgelenkt werden. Hinzu kommt, dass Sie als Vortragender die Präsentation kaum spontan abkürzen können, ohne Irritation beim Publikum hervorzurufen. Denn es wird sich wundern, weshalb Sie nicht alle Folien gezeigt und besprochen haben.

TIPP

Überlegen Sie, ob sich eine Mind-Map als Handout eignen würde. Sie liefert die Helikoptersicht auf das Thema und gibt Ihnen die Möglichkeit, je nach Bedarf und verbleibender Zeit zu bestimmen, wie stark Sie in die Details gehen wollen.

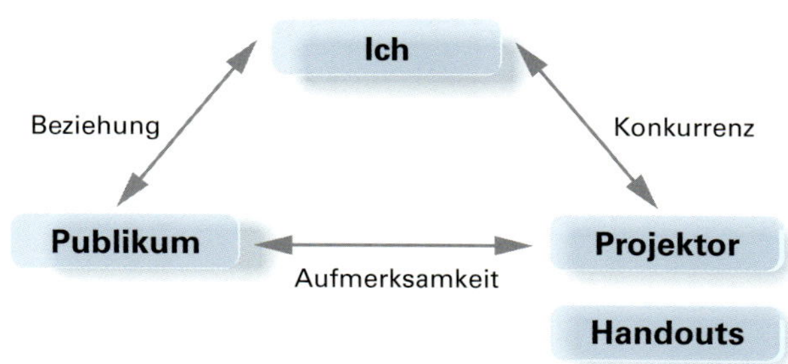

ABBILDUNG 44:
Die Handouts konkurrieren mit Ihnen als Redner um die Aufmerksamkeit des Publikums.

Wir empfehlen Ihnen, die Handouts erst dann auszugeben, wenn Sie die Unterlagen direkt ansprechen und benötigen. Überdies werden die Teilnehmer durch die Verteilung aktiviert und sind (wieder) voll bei Ihnen. Falls Sie die Handouts während des Vortrags nicht einsetzen, dann verteilen Sie sie erst nach der Präsentation.

Unsere Empfehlungen gehen natürlich davon aus, dass Sie als Präsentator wissen, wovon Sie sprechen und im Mittelpunkt des Wissenstransfers und/oder des Verkaufs Ihrer Botschaft stehen: Ihr Vortrag liefert einen Mehrwert. Die Unterlagen lesen kann jeder selbst.

Handout-Format

Wenn Sie sich dafür entscheiden, nur die Folien auszuteilen, sollten Sie zwei auf ein Blatt drucken. Dies funktioniert am besten, wenn Sie die PowerPoint-Präsentation in eine pdf-Datei konvertieren (beziehungsweise drucken). Dabei können Sie angeben, dass Sie zwei Präsentationsseiten auf ein A4-Blatt drucken möchten. Das Handout ist dennoch gut lesbar und es gibt genügend Platz für Notizen. Das sieht dann zum Beispiel so aus:

ABBILDUNG 45:
Drucken Sie für die Handouts zwei Folienseiten auf eine A4-Seite.

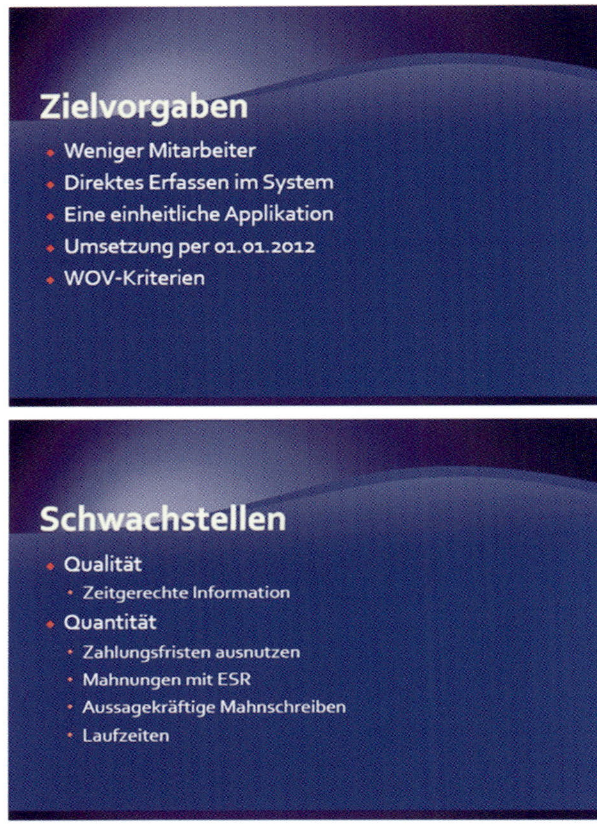

Handouts für Fachtagungen

Für solche Veranstaltungen müssen Sie oft bereits im Voraus Ihre Präsentation elektronisch einsenden. Die Tagungsleitung wird sie ausdrucken und in einem Ordner den Teilnehmern aushändigen. Auch hier stellt sich wieder die Frage, wie Sie am besten vorgehen, denn auf der einen Seite wollen Sie nicht gleich die Katze aus dem Sack lassen, andererseits möchte die Tagungsleitung den Teilnehmern vorab Unterlagen zur Verfügung stellen.

Unsere Empfehlung lautet:

1. Schicken Sie der Tagungsleitung eine Datei, die nur die Folien enthält – ohne Fließtext in den Notizen.
2. Auf die letzte Folie schreiben Sie einen Link, über den die Datei mit dem Fließtext heruntergeladen werden kann.
3. Den Link schalten Sie erst nach Ihrer Präsentation frei.

Dieses Vorgehen bietet mehrere Vorteile: Sie werden als Referent nicht überflüssig, es bleibt eine gewisse Neugier auf Ihren Auftritt, die Teilnehmer springen weniger häufig gleich ans Ende der Präsentation, um dann im unpassenden Moment Fragen zu stellen, und die Tagungsleitung ist zufrieden. Außerdem werden nur wenige Teilnehmer die gesamte Datei herunterladen und ausdrucken – was die Umwelt schont.

Teil III:

Ton, Klappe, ACTION!

Jetzt sind Sie bereit für die große Vorstellung. Sie haben Ihre inhaltlichen und organisatorischen Vorbereitungen erfolgreich abgeschlossen, die Clear-Message-Struktur umgesetzt und mithilfe von Picasso und vermutlich PowerPoint Ihre Präsentationsunterlagen erstellt. Im Power-Präsentations-Modell kommen wir nun zum letzten und entscheidenden Punkt: zu Ihnen, dem Redner.

Immer wieder stellen wir fest, dass viele sehr gute Fachkräfte vor dem Präsentieren große Nervosität verspüren. Wie Sie Ihre Nervosität ablegen können, genau darum geht es in diesem dritten Teil des Buches.

Wir verraten Ihnen Tipps und Tricks, wie Sie Ihren Auftritt verbessern und Präsentationen gekonnt halten – mit Ihrer ganzen Achtsamkeit im «Hier und Jetzt». Atemübungen, Überlegungen zur Stimme sowie die richtige mentale Einstellung werden Ihnen helfen, die Angst abzulegen und an sich zu glauben. Denn mal Hand aufs Herz: Warum treibt das Präsentieren so manchen Leuten die Schamröte ins Gesicht? Weil sie Angst haben. Wenn wir von zwei Grundgefühlen der Menschen – Angst und Liebe – ausgehen, dann befinden sich diese Personen zu diesem Zeitpunkt in einem Angstgefühl. Denn wenn sie das Präsentieren lieben würden, sähe die Situation anders aus. Und auf dieser Grund-Angst baut mangelndes Selbstvertrauen und mangelndes Selbstwertgefühl auf. Dies wiederum führt zur Emotion «Scham» und am Schluss bekommt der Redner einen roten Kopf. Das heißt also, nicht der rote Kopf oder die feuchten Hände sind das Problem, sondern es liegt tiefer.

Es gibt nämlich auch sehr begabte Redner, die gern Vorträge halten und trotzdem nervös sind. Aber dazu später mehr.

Auch wenn Sie nicht zur Kategorie der Redner gehören, die nervös werden, lesen Sie trotzdem weiter! Wir erklären zudem, wie Sie erfolgreich Präsentationen online halten, also über das Internet, und wie Sie bei ganz besonderen Anlässen vor großem Publikum bestehen können.

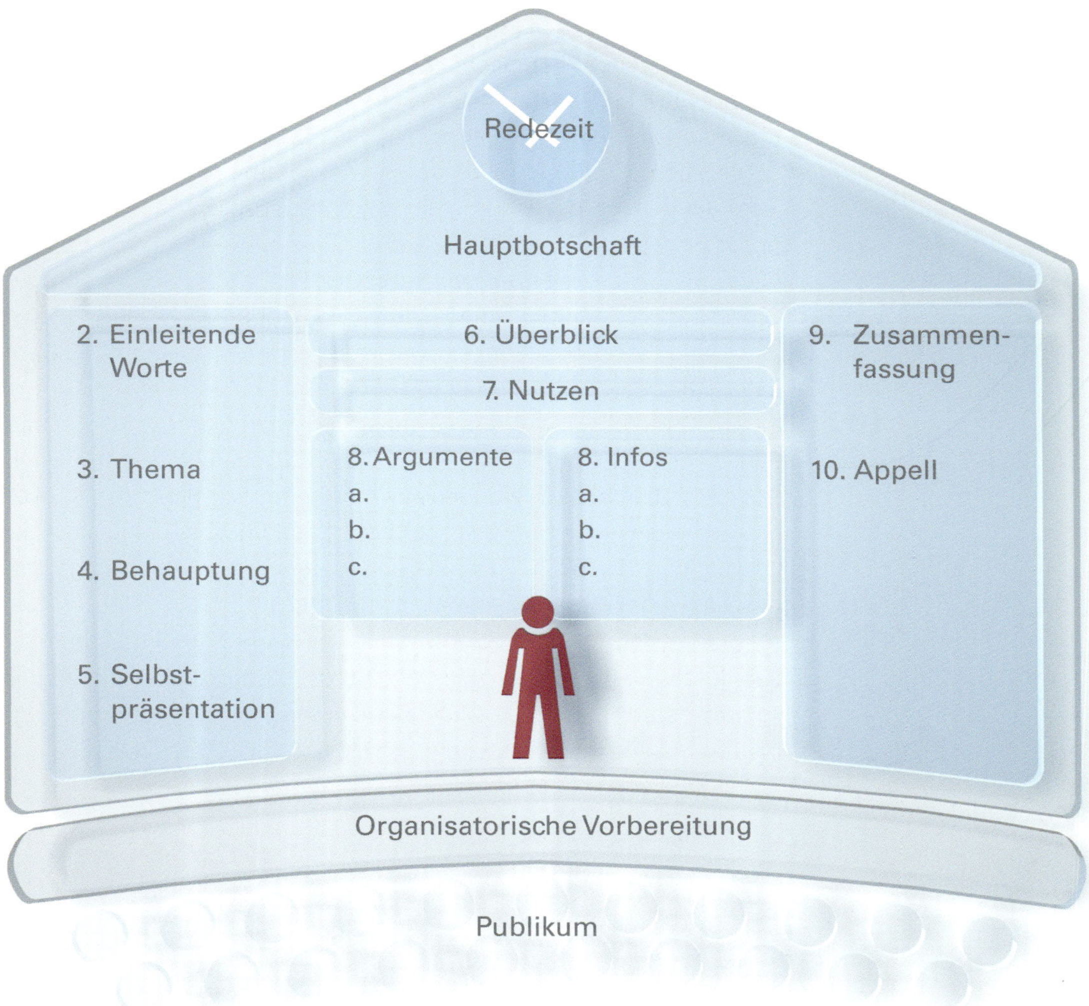

ABBILDUNG 46: Power-Präsentations-Modell: Im Mittelpunkt steht der Redner.

Mit der Art, wie Sie präsentieren, machen Sie den Unterschied. Präsentieren Sie so, dass der Wurm dem Fisch schmeckt, Ihr Publikum anbeißt und an Ihren Lippen hängt. Viel Erfolg!

Liebes Projektteam, lasst uns zusammen diese Aufgaben anpacken.
Solange er nicht präsentiert, mache ich mit.
Hmm ...
Worauf wartet er?
Hnn ...

AUF DEN PUNKT GEBRACHT

Nur wenn Sie Gestik, Mimik, Haltung und Stimme einsetzen und bewusst präsentieren, erzielen Sie Wirkung.

Kapitel 12: Wir sind hier nicht beim Radio

Oft werden wir nach dem Geheimrezept eines guten Auftritts gefragt. Darauf gibt es eigentlich nur zwei Antworten: Schnellbleiche oder echte Arbeit an sich selbst. Die meisten Präsentatoren neigen zur Schnellbleiche; sie suchen nach guten Tipps, ein paar Hilfsmitteln und Lösungen, die sehr oft zumindest vorübergehend auch die nötige Wirkung erzielen. Bei längeren Coachings mit unseren Kunden haben wir festgestellt, dass vor allem die Arbeit an der Person selbst und ein bewusstes Präsentieren von langfristigem Erfolg gekrönt sind. Denn nur wenn Sie an sich arbeiten, werden Sie authentisch wirken. Sie sind dann so, wie Sie sein wollen. Und ein weiterer Vorteil: Sie präsentieren auch gut im Stegreif, unvorbereitet, weil Ihre Präsenz natürlich ist.

Damit wir dem weniger ambitionierten Redner wie auch demjenigen gerecht werden, der hoch hinaus will, besteht dieses Kapitel aus einem Mix von kurzfristigen Maßnahmen und einigen Anregungen zu einer längerfristigen körperorientierten Wahrnehmungsschulung.

Eine Bekannte erzählte uns von einem Symposium mit professionellen Pianisten in Slowenien. Rund 1.000 Pianisten aus aller Welt waren angereist. In der Eröffnungsrede sagte der Vorsitzende: «Gut ausgebildete und technisch hervorragende Pianisten gibt es auf der Welt genug. Wenn Sie aber ganz nach oben kommen möchten, dann kommen Sie nicht darum herum, an Ihnen, Ihren Gefühlen, Ihrem Bewusstsein – kurz: Ihrem Charakter – zu arbeiten.» Treffender kann man es wohl nicht formulieren. Und das gilt genauso für die vielen hervorragend ausgebildeten MBAs, Ingenieure, Professoren, Doktoren, Techniker, Informatiker und sogar Politiker auf dieser Welt.

Was einen guten Redner auszeichnet

Vor allem technisch orientierte Menschen mit ausgeprägten analytischen Fähigkeiten neigen dazu, hauptsächlich auf die Qualität des Inhalts zu achten. Das ist auch gut so, aber nicht gut genug. Oft kommt es vor, dass die besten

Ideen, weil sie nicht wirkungsvoll vorgetragen wurden, nicht umgesetzt werden. Die folgenden Tipps und Checklisten ermöglichen Ihnen, die wichtigsten Fehler bei Ihrer Präsentation zu vermeiden und rhetorisch zu brillieren.

Der Einsatz von Körpersprache

Keine seltene Situation: Da steht eine Koryphäe, ein Nobelpreisträger auf der Bühne. Er steht einfach da, sein Kopf brummt, das Adrenalin jagt durch seine Adern. Er fokussiert auf den Inhalt und der von ihm auswendig gelernte Text sprudelt nur so aus ihm heraus. Aber das reicht leider nicht, um das Publikum in den Bann zu ziehen.

Untermalen Sie Ihre Präsentation mit Gestik und Mimik. Wie die Verpackung eines Produkts ist die Körpersprache die Verpackung des Inhaltes, der Botschaft Ihres Vortrags. Je nach Größe Ihres Publikums und des Raums, in dem Sie die Präsentation halten, können Sie mehr oder weniger Körpersprache einsetzen. Ihre Aktionen wirken dann natürlich, wenn sie zum gesprochenen Wort passen und nicht aufgesetzt sind. Verwenden Sie in Ihrem Text zum Beispiel Adjektive, die Sie mit Gestik oder auch Mimik unterstützen können.

So setzen Sie Ihre Körpersprache gekonnt ein:

- Die Körpersprache kommt immer unmittelbar vor dem gesprochenen Wort. Beispiel: Wenn Sie aufzählen und «erstens» sagen, markieren Sie die Eins mit dem Daumen, bevor Sie «erstens» sagen. Nicht danach!
- Unterstützen Sie das, was Sie sagen wollen, mit Gesten. Zählen Sie beispielsweise bei einer Aufzählung mit den Fingern mit. Oder zeigen Sie eine Länge oder Größe mit den Händen an.
- Bewegen Sie sich weg von etwas oder hin zu etwas, wenn Sie eine Entwicklung präsentieren: «Wir entwickeln kleine, leichte Software-Lösungen für den Mittelstand …» (Sie formen mit beiden Händen einen kleinen Kreis in der Luft – Pause –, gehen ein paar Schritte und machen dann eine öffnende Geste.) «… bis hin zu großen, komplexen Lösungen für Großkonzerne.»

- Fühlen Sie, was Sie sagen. Sobald Sie Ihre Worte fühlen können, werden sich Ihr Körper, Ihre Gestik und Mimik automatisch anpassen.
- Die Gestik sollte im Normalfall oberhalb der Gürtellinie stattfinden. Das heißt, die Hände bewegen sich zwischen Gürtel und Kopf.

Sicher haben Sie schon mal bei einem Urlaub in Italien oder Spanien die Gestik der romanischen Kulturen beobachten können. Man sagt diesen Menschen nach, sie seien emotionaler als zum Beispiel die Nordeuropäer; das kann gut sein, auf jeden Fall gestikulieren sie durchschnittlich viel mehr.

Falls Sie Mühe mit Gestik haben, versuchen Sie es jedoch nicht mit aufgesetzten, angelernten Bewegungen, die meist nicht authentisch wirken. Fühlen Sie sich lieber in die Inhalte ein, die Sie vortragen, und versuchen Sie, Ihre Präsentation mit etwas mehr Gefühl und Passion zu halten: einfach mit einer Prise Italianità.

TIPP

Fühlen Sie sich in Ihren Text richtiggehend ein. So folgt die passende Gestik automatisch.

Die Stimme, der man zuhören will

Für den ersten Eindruck ist die Stimme von großer Bedeutung. In diesem Bereich können Sie sich durch Stimmbildung und spezielle Übungen kontinuierlich verbessern. Gut dazu eignet sich Gesang. Wenn Sie mit Ihrer Stimme nicht zufrieden sind, dann nehmen Sie also einfach zehn Lektionen Gesangsunterricht oder Stimmtraining. Sie werden feststellen, dass sich bald sehr viel verändert, nicht nur in der Stimme, sondern in Ihrem ganzen Selbst.

Damit das Publikum Ihre Stimme als interessant empfindet, sollten Sie auf eine angemessene Lautstärke, Pausen, eine variierende Stimmhöhe, das geeignete Sprechtempo, die Sprachmelodie, Emotionen in der Stimme und die richtige Betonung achten. Näheres dazu erfahren Sie im folgenden Textkasten.

TIPP
Durch die Modulation Ihrer Stimme vermeiden Sie eine monotone und langweilige Vortragsweise.

Das macht Ihre Stimme interessant

Lautstärke: Sprechen Sie in einer für den Raum und die Zielgruppe angemessenen Lautstärke. Hierbei geht es vor allem darum, dass Sie eine geeignete Sprechspannung beibehalten. Diese erreichen Sie durch das Anheben des Zwerchfells und bewussten Bodenkontakt. Stellen Sie sich vor, wie Sie fest verwurzelt auf dem Boden stehen. So wird Ihre Stimme auch in größeren Räumen tragfähig und erreicht eine kraftvolle Klangqualität. Um die Sprechspannung zu trainieren, empfehlen wir, einen Rhetorik-Coach hinzuzuziehen und mit Video- oder Audio-Feedback zu arbeiten. Häufig bestehen nämlich große Unterschiede zwischen der Eigen- und Fremdwahrnehmung.

Pausen: Pausen sind ein effektives Mittel, um wichtige Botschaften hervorzuheben. Viele Redner haben das Gefühl, pausenlos «on air» sein zu müssen. Gönnen Sie sich und vor allem Ihren Zuhörern jedoch öfter mal eine Sprechpause. Pausen wirken Wunder. Die Stille lenkt die Aufmerksamkeit Ihres Publikums (wieder) auf Sie als Redner. Sie können Gedanken in der Stille sacken lassen. Oft hört man geradezu, wie der Groschen fällt.

Stimmhöhe: Schaffen Sie ein besseres Verständnis durch eine fallende Stimmhöhe. Normalerweise geht die Stimmhöhe am Ende eines Satzes nach unten. Viele Redner neigen jedoch dazu, mit der Stimme stets nach oben zu gehen, so wie bei einer Frage: «Bitte erläutern Sie mir mal diese Grafik» (↑Stimme geht hoch). Stattdessen sollten Sie immer, wenn Sie einen Gedanken abschließen, mit der Stimme nach unten gehen: «Bitte erläutern Sie mir mal diese Grafik» (↓Stimme geht nach unten und bekommt dadurch mehr die Bestimmtheit einer Aufforderung).

Wenn Sie mit Ihrer Stimme regelmäßig nach oben gehen, bekommen Sie zwei Probleme: Erstens schließen Sie so die Gedanken für Ihre Zuhörer nicht ab, was es schwierig macht, Ihnen zu folgen. Zweitens laufen Sie Gefahr, dass Ihre Stimme in höhere Regionen abdriftet und monoton klingt. Ein solches Sprechmuster bezeichnet man auch als «Girlandensatz». Girlandensätze ermüden die Zuhörer. Ein guter Redner vermeidet sie deshalb.

Girlandensätze

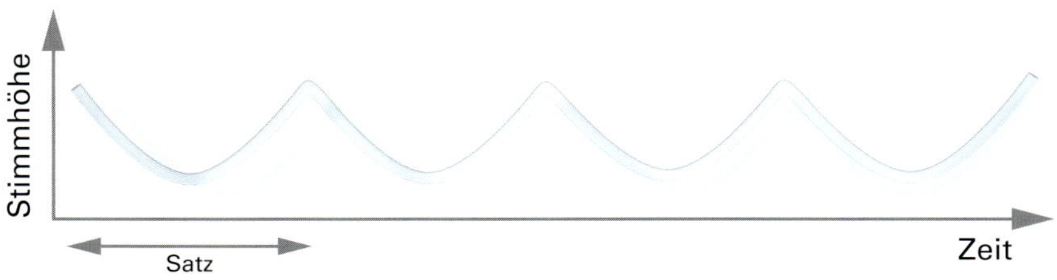

ABBILDUNG 47:
Girlandensätze wirken monoton.

Sprechtempo: Gibt es überhaupt ein geeignetes Sprechtempo? Eigentlich nicht. Entscheidend ist, dass Ihnen Ihr Publikum folgen kann. Hier gilt: Wichtige Dinge sollten Sie langsam und betonter aussprechen, weniger wichtige schneller. Gute Redner variieren Ihr Tempo und passen es dem Inhalt an.

TIPP

Wenn Sie dazu neigen, zu schnell zu sprechen, dann beachten Sie die folgenden drei Punkte: Gehen Sie bei jedem Satz am Ende mit Ihrer Stimme nach unten. Machen Sie nach jedem vollständigen Satz eine kurze Pause. Verlängern Sie die Vokale (a, e, i, o, u) in den Wörtern.

Sprachmelodie: Verglichen mit anderen europäischen Sprachen weist die Sprachmelodie der deutschen Sprache relativ wenig Bewegung auf. (In gewissen Regionen, wie zum Beispiel im Rheinland oder in der Schweiz, ist die Sprachmelodie lebendiger.) Voraussehbare, monotone Sätze empfinden wir nicht nur als langweilig, sondern auch als leb- und emotionslos. Wenn Sie Ihr Publikum begeistern möchten, setzen Sie gekonnt eine angemessene Sprachmelodie ein.

Emotionen in der Stimme: Hier gilt wieder: Fühlen Sie, was Sie sagen. Ihre Stimme wird sich dadurch verändern. Sie verrät Ihre Emotionen und Gefühle sofort, auch die unterdrückten. Emotionen, die Sie nicht im Moment ihrer Entstehung ausdrücken, können auf die Stimme schlagen. Drücken Sie auch positive Emotionen aus. Wichtig dabei: Seien Sie immer ehrlich.

TIPP

Wenn Sie normalerweise eher monoton sprechen, lassen Sie ganz einfach Ihre Emotionen zu und zeigen Sie diese auch. Setzen Sie gezielt starke Betonungen ein.

Betonung: Heben Sie besonders wichtige Aussagen durch eine Betonung hervor. Es geht nicht darum, dass Sie schön sprechen, sondern dass Sie die-

TIPP
Bevor Sie mit Ihrer Präsentation beginnen, machen Sie ein paar Lockerungsübungen mit dem Kiefer. Gähnen Sie, massieren Sie den Unterkiefer und entspannen Sie alle Gesichtsmuskeln. Dadurch sprechen Sie deutlicher.

jenigen Wörter unterstreichen, die für das Verständnis Ihrer Botschaft von Bedeutung sind. Aber aufgepasst: Zu viele Betonungen können im wahrsten Sinne des Wortes zu mono-tonen Präsentationen führen. Faustregel: pro Gedanke nur eine Betonung. Natürlich sind weniger starke Betonungen (Nebenbetonungen) jederzeit möglich.

Damit Sie selbst überprüfen können, ob Sie alle hier beschriebenen Faktoren, die zu einer interessanten Stimme beitragen, bei Ihren Reden beherzigen, nehmen Sie Ihre nächste Präsentation auf Tonband oder Video auf und achten beim Abspielen ganz gezielt auf Ihre Stimme.

Stellen Sie Blickkontakt her

Der Blickkontakt mit dem Publikum ist ein weiterer Schritt auf dem Weg zum guten Präsentator. Schauen Sie den Personen direkt in die Augen. Die Augen! Größere Räume teilen Sie in Gedanken in Sektoren ein, in denen Sie einzelne Leute immer wieder anschauen. Auch wenn Sie von einem Scheinwerfer geblendet werden: Nehmen Sie Blickkontakt auf. Ihr Publikum fühlt sich dadurch angesprochen.

TIPP
Verweilen Sie mit dem Blick 2–3 Sekunden oder einen ganzen Gedanken lang bei derselben Person. So vermeiden Sie, dass Ihr Blick unstet und fahrig wirkt.

Versuchen Sie auch, den Raum mit Ihrer Präsenz zu füllen. Denken Sie bis in die hinterste Ecke des Saales. Stellen Sie sich vor, wie die Schwingungen Ihrer Stimme den gesamten Raum erfüllen.

➤ **Mehr dazu im Unterkapitel «Bewusst präsentieren – präsent präsentieren», Seite 146 ff.**

Kleider machen Leute

Vor allem wenn Sie unsicher oder nervös sind, empfehlen wir Ihnen, sich gepflegt anzuziehen. Achten Sie darauf, dass Ihre Kleidung Sie in der Präsentation unterstützt und Ihre Persönlichkeit ins beste Licht rückt. Als Präsentator dürfen Sie immer einen Tick besser angezogen sein als Ihre Zuhörer. Es lohnt sich, in geschmackvolle Kleidung ein wenig zu investieren, denn die Kleidung gehört zu Ihrer persönlichen Visitenkarte. Wenn Ihr Äußeres schon nicht anspricht, dann hat das Publikum wenig Interesse, sich noch das «Innere», nämlich Ihre Botschaft, genauer anzuhören.

Folgende Fauxpas sollten Sie im geschäftlichen Umfeld bei Präsentationen vermeiden:

- Trainingsanzüge oder Sportbekleidung (außer Sie sind in dieser Branche tätig)
- Strandbekleidung oder Ähnliches
- Shorts
- Nachtclub- oder Ausgeh-Bekleidung
- zu große Ausschnitte bei Blusen (wirken zu sexy)
- kaputte Jeans oder kaputte Kleider (auch wenn sie in Mode sind)
- Miniröcke (die mehr als 5 Zentimeter über dem Knie enden)
- weiße Socken zu dunklen Anzügen
- übertriebenes Parfüm oder zu viel Schmuck
- verknitterter Anzug
- ungeputzte Schuhe
- offene Schuhe oder Flip-Flops

TIPP

Ziehen Sie sich bei einer Präsentation im Rahmen einer Bewerbung für die Position an, die Sie gern haben möchten, nicht für die, welche Sie zurzeit innehaben.

Führen Sie die Zuhörer durch die Folien

Wenn Sie bei Ihrer Präsentation Folien einsetzen möchten, sollten Sie ein paar Grundregeln beachten, damit Sie das Publikum nicht überfordern.

So binden Sie die Folien in Ihren Vortrag ein:

- Das gesprochene Wort und die Folien sollten zusammenpassen und eine Einheit bilden.
- Mit gekonnten Überleitungen schlagen Sie Brücken von der einen Folie zur nächsten. Bringen Sie die überleitenden Sätze, bevor Sie die Folie wechseln. Halten Sie den Blickkontakt zum Publikum während der kurzen Pause, in der Sie die nächste Folie anklicken.
- Wenn Sie Schlussfolgerungen ziehen, dann sollten sie zur Behauptung passen und diese unterstützen.
- Falls Sie Grafiken, Diagramme etc. einsetzen, erklären Sie die Elemente auf den Bildern. Zum Beispiel: «Auf der X-Achse sehen Sie die Anzahl Kunden …»

– Falls Sie Farben verwenden, erläutern Sie, was diese jeweils bedeuten. Zum Beispiel: «Rot steht für unsere Software-Produkte, Gelb für Service-Leistungen ...»

TIPP
Je freier Sie sprechen, desto besser. Das höchste der Gefühle ist die freie Rede.

Wenn Sie für Ihren Vortrag ein Manuskript verwenden möchten, sollten Sie den Text so formulieren, wie Sie ihn sprechen würden. Die geschriebene Sprache eignet sich sehr schlecht zum Vortragen. Lesen Sie in der Vorbereitung das Manuskript mindestens einmal laut durch und bringen Sie Verbesserungen an. Wir empfehlen Ihnen allerdings, auf ein Manuskript möglichst zu verzichten und stattdessen mit Karteikarten zu arbeiten. Gut geeignet sind dafür A6-Karten oder noch kleinere, auf die Sie nur Stichwörter schreiben.

TIPP
Zählen Sie die Wörter in Ihrem Manuskript. Ein durchschnittlicher Redner spricht 100 Wörter pro Minute. So können Sie gut abschätzen, wie lange Sie für Ihre Präsentation brauchen werden.

Wenn Sie mit PowerPoint 2003 oder einer neueren Version arbeiten, können Sie mit der Referentenansicht die Folie auf dem Projektor und die entsprechenden Notizen auf Ihrem Bildschirm gleichzeitig anzeigen lassen. So können Sie Ihre Notizen sehen und sich jederzeit auch in der Präsentation zurechtfinden. Ideal ist diese Referentenansicht, wenn Sie bei Großveranstaltungen Monitore auf der Bühne haben und auf diese Weise Ihre Notizen als Manuskript lesen können.

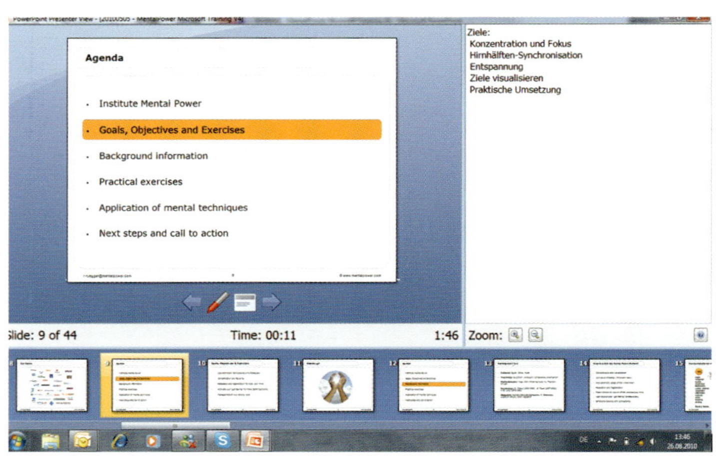

ABBILDUNG 48:
Mit der Referentenansicht sehen Sie sowohl Ihre Notizen als auch die Folien und eine Zeitanzeige.

Infrastruktur und Co.

Machen Sie sich stets bewusst, dass Sie in Konkurrenz mit dem Projektor respektive der Folie stehen, wenn Sie eine PowerPoint-Präsentation halten. Darum empfehlen wir, zwischendurch die Folie auszublenden und stattdessen andere Medien wie ein Flipchart oder Pinboard zu nutzen.

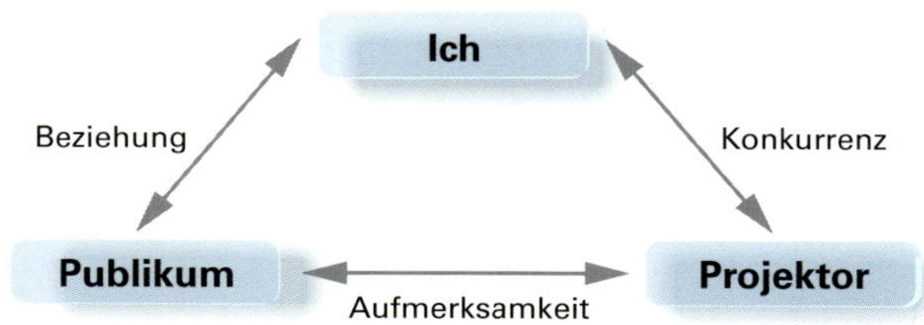

ABBILDUNG 49:
Eine Dreier-Beziehung:
Redner – Publikum – Projektor

Weitere Tipps, wie Sie mit Hilfsmitteln richtig umgehen:

- Vermeiden Sie den Laserpointer, denn das Publikum kann Ihnen meistens nicht so rasch folgen. Oft ist der Einsatz eines Laserpointers ein Indikator dafür, dass Ihre Folien überladen sind.
- Benutzen Sie möglichst kein Rednerpult. Es baut eine physische Barriere zwischen Ihnen als Redner und Ihrem Publikum auf.
- Überprüfen Sie Ihre Standorte vor der Präsentation und merken Sie sich, wo Sie sich hinstellen möchten. Proben Sie die Wege zwischen diesen Standorten.
- Platzieren Sie die Leinwand für Ihr Publikum optimal, damit alle eine gute Sicht haben und Sie sich daneben frei bewegen können.
- Platzieren Sie Ihren Laptop (falls Sie PowerPoint benutzen) an einem für Sie strategisch günstigen Ort.
- Überprüfen Sie die Lichtverhältnisse und machen Sie sich mit der Bedienung der Beleuchtung und anderer technischer Geräte vertraut.

TIPP

Blenden Sie bei längeren Pausen die Folie mit der Taste «B» aus. Mehr nützliche Tipps auf www.descubris.ch.

- Überprüfen Sie vor Ihrer Rede die Tisch- und Stuhlanordnung.
- Verwenden Sie geeignete Mikrofone (Ansteckmikrofon oder Headset).
- Erscheinen Sie frühzeitig, um gegebenenfalls Änderungen vorzunehmen und sich an den Raum zu gewöhnen.

Proben, proben, proben

«Übung macht den Meister.» Dieses Sprichwort gilt auch für fachspezifische Präsentationen. Mit einer guten Struktur, einem durchdachten Aufbau und einer sorgfältigen Vorbereitung haben Sie schon viel erreicht. Das Sahnehäubchen kriegen Sie jedoch nur mit Proben hin. Sich gedanklich vorstellen, was man während der Präsentation sagen will, ist gut, aber nicht gut genug.

Ideal sind Proben vor Kollegen oder mit einem Rhetorik-Coach einige Tage oder noch besser Wochen vor der Präsentation. Dabei können verschiedene Personen auf verschiedene Aspekte der Präsentation achten: auf die Richtigkeit des Inhalts, die Struktur, die Klarheit des gesprochenen Textes, auf die Gestaltung und Tippfehler auf den Folien, Energie, Körpersprache etc. Hilfreich sind auch Videoaufzeichnungen, um sich selbst beim Präsentieren kritisch begutachten zu können.

Aber aufgepasst: Ein Feedback kurz vor der Präsentation sollte konstruktiv und aufbauend sein. Nur wenn Sie länger vorher proben, haben Sie Zeit, noch Änderungen vorzunehmen und sich substanziell zu verbessern.

Üben Sie vor allem den Anfang, Ihre einleitenden Worte sowie den Schluss, denn diese Passagen sind die wichtigsten. Sie machen den ersten und hinterlassen den letzten Eindruck.

Bewusst präsentieren – präsent präsentieren

Manche Redner besitzen eine natürliche Präsenz. Aber was bedeutet das? Eine präsente Person ist mit allem im Hier und Jetzt – mit den Gedanken, dem Körper, den Gefühlen, dem Geist. Diese Präsenz hat auch viel mit Körperlichkeit zu tun. Schauspieler nennen das Körperspannung (nicht zu verwechseln mit Verspannung).

Um Ihre Präsenz stetig und langfristig zu verbessern, müssen Sie an sich selbst arbeiten, sei es zum Beispiel durch kontinuierliche Selbsterkenntnis, Meditation oder Reflexion. Wenn es dafür eine Anleitung gibt, dann sind es die folgenden Punkte, die wir in der 5-Finger-Methode[25] zusammengefasst haben.

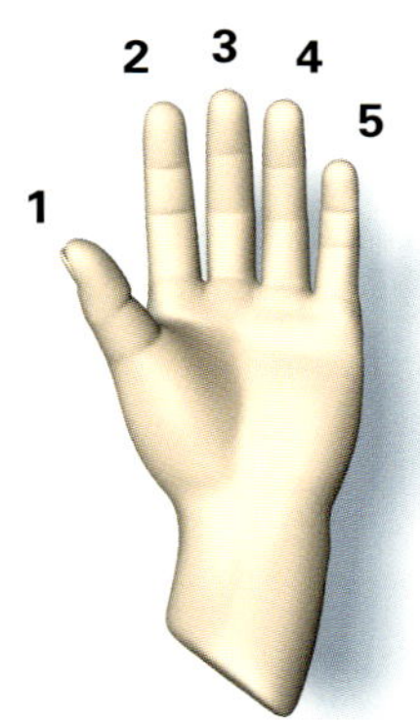

ABBILDUNG 50:
Jeder Finger steht für einen Bereich des Bewusstseins: Selbst, Körper, Raum, Aktivität und Neugierde.

In der westlichen Welt – und vor allem in der Wissenschaft und Geschäftswelt, ist man es gewohnt, sich auf Aufgaben, Probleme und Aktivitäten zu fokussieren. Dieser Ansatz ist nur bedingt erfolgreich, wenn Sie Präsenz oder Charisma ausstrahlen wollen. Eine andere, sehr interessante Möglichkeit ist, dass Sie ganz im Hier und Jetzt sind, während Sie sich um Ihre Aktivität, das Präsentieren, kümmern.

Die fünf Schritte für eine natürliche Präsenz:

1. Sagen Sie Ja zu sich selbst und Ihrer Existenz. Sie sind okay, wie Sie sind. Sie müssen sich selbst wertschätzen mit all Ihren Stärken und Schwächen. So verlieren Sie jegliche Angst vor Versagen.
2. Nehmen Sie bewusst Ihren Körper wahr: Erleben Sie Ihre Füße fest auf dem Boden und wie sich Ihr Kopf bewegt. Versuchen Sie im-

mer wieder, auch Ihren Körper während der Präsentation wahrzunehmen und Finger, Arme, Beine, Herz und Atem zu spüren.
3. Interessieren Sie sich für das, was Sie umgibt: den Raum, die Farben, das Publikum, die Stimmung, die Objekte, die sich vor, hinter und um Sie herum befinden. Sie werden sich dadurch sicherer fühlen.
4. Verbinden Sie nun die Schritte 1 bis 3 mit Ihrer Aufmerksamkeit auf Ihre Tätigkeit: Ihre Präsentation. Ihre Worte, Ihre Gestik, Ihre Folien, Ihre Botschaft.
5. Seien Sie neugierig und mutig genug, jederzeit auf einen Stimulus in einer neuen Form zu reagieren, indem Sie Ihre alten Gewohnheiten bewusst wahrnehmen, unterbrechen, auf die Seite legen und einen neuen Weg einschlagen.

TIPP
Körperbewusste Wahrnehmungsübungen müssen erfahren und selbst erlebt werden. Dazu eignen sich am besten Workshops oder Coachings.

Entscheidend bei dieser Methode ist, dass Sie sich nicht ausschließlich auf Ihre Tätigkeit (Schritt 4) konzentrieren, sondern dass Sie sich während Ihrer Präsentation immer wieder an die Schritt 1 bis 3 erinnern. Übung macht auch hier den Meister! So erreichen Sie eine Präsenz, eine Ausstrahlung, die weit über eine Schnellbleiche-Maßnahme hinausgeht. Sie können diese Technik auch bei Sitzungen und in normalen Gesprächen anwenden. Üben Sie einfach, so oft es geht. Sie werden über Ihre eigene Veränderung und die in Ihrem Umfeld erstaunt sein.

Abschließend können wir festhalten, dass gute Rhetoriker mit Kopf, Herz und der 5-Finger-Methode präsentieren. Das heißt mit dem ganzen Ich. Setzen Sie dabei Ihre Gefühle, Emotionen und Ihren Körper bewusst ein. Achten Sie auf Ihre Stimme und Modellierungen und fügen Sie diese zu einem Gesamtbild mit Ihren Aussagen und Folien zusammen. Nur durch stetiges Integrieren Ihrer Eigenwahrnehmung während Ihrer Präsentation werden Sie zu einem guten Präsentator, der nicht nur überzeugt, sondern auch begeistert – und zwar authentisch. Weil Sie so sind, wie Sie sind: einfach Sie selbst.

The sky is the limit.
Wie komme ich hier wieder runter?

AUF DEN PUNKT GEBRACHT

Die Mittel zum Erfolg: visualisieren, gründlich vorbereiten, atmen und mental trainieren.

Kapitel 13: Wenn du denkst, du kannst es, dann kannst du es

Mark Twain soll einmal gesagt haben: «Das menschliche Hirn ist fantastisch. Vom Moment der Geburt beginnt es zu arbeiten und hört nie auf, bis zu dem Moment, in dem Sie aufstehen und eine Rede halten.»

Warum haben so viele Menschen Angst vor Präsentationen? Die Antwort ist eigentlich einfach: Es geht ums Ego. Sie haben Angst davor, einen Fehler zu machen. Im Unterschied dazu werden die schlechtesten Redner zu wahren Rhetorikern, wenn sie im Bekanntenkreis von ihrem neuen Auto oder ihrer Beförderung erzählen können. Wir empfehlen Ihnen, die Angst vor Fehlern abzulegen! Jetzt!

Vergessen Sie, dass Sie perfekt sein müssen. Sie sollten einfach Sie selbst sein! Denn genau Ihre Menschlichkeit macht Ihre gute Rede aus. Zu perfekt ist unnatürlich und wirkt nicht gewinnend.

Die Erfolgsfaktoren

Vieles beginnt bekanntlich im Kopf, so auch gelungene Präsentationen. Erfolgreiche Redner haben drei Eigenschaften gemeinsam: Sie besitzen alle Selbstvertrauen, Begeisterungsfähigkeit und Überzeugungskraft.

Stärken Sie Ihr Selbstvertrauen

Für mangelndes Selbstvertrauen gibt es viele Ursachen. Einige reichen bis weit in die Kindheit zurück und hängen auch mit der Erziehung zusammen. Aber keine Angst, wir werden hier nicht zu tief in die psychologische Trickkiste greifen. Nach unserer Erfahrung reicht es, wenn Sie die folgenden vier Aspekte kennen und umsetzen, um Ihr Selbstvertrauen zu stärken:

So stärken Sie Ihr Selbstvertrauen:

1. Sich selbst kennen
   Kennen Sie Ihre Stärken und Schwächen, Ihre Reaktionen, Gefühle und Macken vor allem im Zusammenhang mit Präsentationen? Sagen Sie Ja zu sich, Ihren positiven und negativen Seiten, zu dem, was Sie sind.
2. Seine Inhalte kennen
   Wissen Sie wirklich, wovon Sie sprechen, kennen Sie Ihre Folien und den Fluss der Präsentation gut genug? Je besser Sie Ihre Inhalte kennen, desto (selbst-)sicherer werden Sie.
3. Seine Ziele kennen
   Kennen Sie Ihre Hauptbotschaft? Was möchten Sie mit der Rede erreichen? Je klarer Ihnen Ihr Ziel ist, desto mehr Selbstvertrauen werden Sie ausstrahlen: Denn Sie wissen, was und wieso Sie es tun.
4. Sein Publikum kennen
   Wissen Sie genau, wer Ihnen zuhören wird? Welche Fragen eventuell gestellt werden? Je besser Sie Ihr Publikum kennen, desto besser können Sie sich darauf einstellen und gewinnen dadurch an Selbstvertrauen.

Mit der folgenden Übung können Sie zusätzlich Ihr Selbstvertrauen stärken: Verlassen Sie Ihre Komfortzone (in diesem Fall im Hinblick auf eine Präsentation) und durchleben Sie die Herausforderung! Dies ist natürlich besonders gut im sicheren Umfeld eines Coachings möglich.

In unseren Coachings hat es sich bewährt, unsere Klienten ganz bewusst außerhalb ihrer Komfortzone präsentieren zu lassen, zum Beispiel vor großem Publikum, an öffentlich zugänglichen Orten und im Freien. Oder melden Sie sich für ein paar Stunden Schauspielunterricht an. Es muss ja nicht gleich der Anfang Ihrer Filmkarriere sein, aber einfach um einmal zu sehen, welches Potenzial in Ihnen steckt!

Begeistern und überzeugen Sie Ihr Publikum!

Norman Vincent Peale schreibt in seinem Buch *Die Kraft positiven Denkens*: «Begeisterung erhebt das Leben über das Alltägliche und verleiht ihm erst einen Sinn.» Andere begeistern können Sie aber nur, wenn Sie ganz und gar überzeugt sind von dem, was Sie sagen. Wir empfehlen unseren Klienten immer, nur das zu präsentieren, hinter dem sie hundertprozentig stehen können. Natürlich ist das nicht immer möglich. Aber wenn Sie begeisternd von Ihrer Beförderung erzählen können, dann können Sie sicher auch genauso begeisternd Ihr neu erfundenes Produkt präsentieren! Eines können wir Ihnen versichern: Ihr Publikum merkt, wenn Sie nicht an die Botschaft Ihrer Präsentation glauben. Sie können nur überzeugen, wenn Sie selbst davon überzeugt sind.

Der richtige Umgang mit Fragen

Viele Redner sind nervös, weil sie Angst vor Fragen haben. Auch hier gilt: Je besser Ihre Vorbereitung, desto mehr Selbstvertrauen haben Sie und desto besser werden Sie mit Fragen umgehen. Sie können Fragen schließlich antizipieren, denn Sie kennen ja Ihr Publikum und wissen somit auch, wo der Schuh drückt. Also keine Angst vor Fragen! Übrigens: Es gibt keine dummen Fragen. Nehmen Sie alle Fragen ernst, auch die ulkigsten und ungemütlichsten.

Die wichtigsten Regeln für den Umgang mit Fragen:

1. Haben Sie Geduld und hören Sie sich die Frage bis zum Schluss an, denn oft beantworten die Fragesteller ihre Frage gleich selbst oder geben Ihnen Hinweise für die Antwort.
2. Machen Sie ruhig eine Denkpause, anstatt übereilt zu antworten. Dann beantworten Sie die Frage so, wie sie gestellt wurde. Nicht mehr und nicht weniger.
3. Wiederholen Sie die Frage mit Ihren eigenen Worten. Auf diese Weise stellen Sie sicher, die Frage richtig verstanden zu haben. Gegebenenfalls wird Sie der Fragesteller korrigieren oder ergänzen.

TIPP
Denken Sie stets daran: Fragen sind ein Zeichen von Interesse. Und: Je besser Sie Ihre Zielgruppe kennen, desto besser können Sie Fragen antizipieren.

Außerdem wird so dafür gesorgt, dass das Publikum die Frage verstanden hat. Zusätzlich gibt Ihnen die Wiederholung Zeit zum Denken.

4. Beantworten Sie die Frage für alle Anwesenden. Laden Sie das restliche Publikum zu Ihrer Antwort ein, denn sie könnte ja alle interessieren.
5. Vergewissern Sie sich, dass Sie die Frage zur Zufriedenheit des Fragestellers beantwortet haben. Manchmal ist es auch ratsam, sofort die nächste Frage aufzunehmen, um kein Zweiergespräch mit dem Fragesteller aufkommen zu lassen.
6. Antworten Sie immer höflich und nett, auch wenn die Frage harsch, unfreundlich oder gar aggressiv gestellt wurde.

Die Barriere im Kopf überwinden[26]

Kennen Sie die Stimme im Kopf, die Sie davon abhält, erfolgreich zu sein? Den Kritiker in Ihrem Inneren? Die meisten Menschen kennen das und es ist gut, wenn Sie damit umgehen können. Eine erfolgreiche Methode, die sich hierfür anbietet, ist Mentaltraining. Ursprünglich kommt das Mentaltraining aus dem Astronautentraining und der Sportpsychologie. Es umfasst das wiederholte geistige Vorstellen eines Handlungsablaufs, ohne die Handlung aktiv auszuüben. Um Ihre (mentalen) Barrieren im Kopf zu überwinden, empfehlen wir Ihnen drei Übungen, die Sie leicht und ohne große Vorkenntnisse des Mentaltrainings einfach ausprobieren können. Es geht dabei darum, Ihre beiden Hirnhälften zu synchronisieren, Ihren Erfolg zu visualisieren und den optimalen Leistungszustand abzurufen. Idealerweise führen Sie diese Übungen schon in den Tagen und Wochen vor der Präsentation durch. So können Sie die Übungen in Ihrem Unterbewusstsein speichern und bei Bedarf leichter abrufen.

TIPP
Sie können nur erfolgreich präsentieren, wenn Sie selbst an Ihren Erfolg glauben und davon überzeugt sind.

Synchronisation der beiden Hirnhälften

Wenn Sie Ihr volles Potenzial in einer Präsentation einsetzen möchten, brauchen Sie die volle Funktion beider Hirnhälften. Rhythmische Übungen und überkreuzende Bewegungen der Arme und Beine fördern nicht nur die

Durchblutung, sondern tragen auch dazu bei, die beiden Hirnhälften zu aktivieren und neue Wege im Gehirn zu bahnen. In der linken Hirnhälfte befinden sich die Bereiche der Logik, der Sprache, der mathematischen Fähigkeiten, des linearen Denkens etc. In der rechten Hirnhälfte sind Kreativität, Intuition, Bilder und vernetztes Denken abgespeichert. Nur beides zusammen ergibt das volle Potenzial. Und so einfach ist es, die Hirnhälften zu synchronisieren:

TIPP

Setzen Sie Kreativität und Logik gleichzeitig ein. So präsentieren Sie ganzheitlicher.

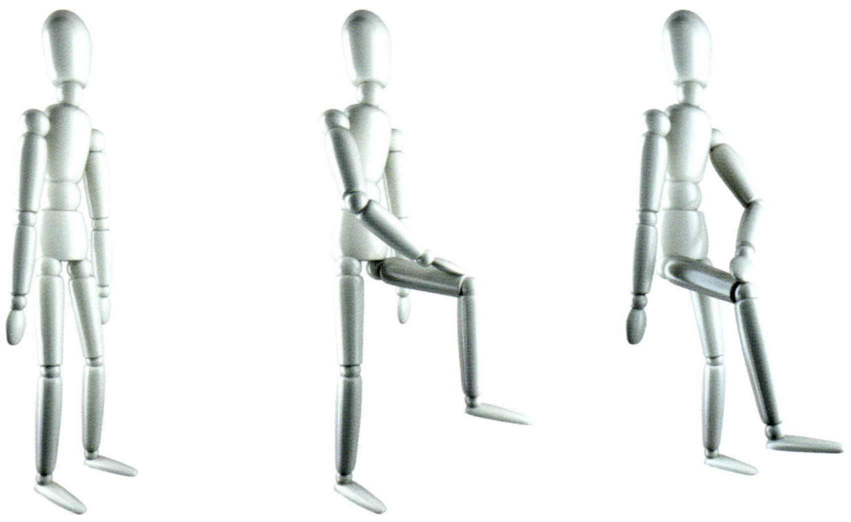

ABBILDUNG 51:
Die Brain-Gym-Übung eignet sich zum Synchronisieren und Aktivieren beider Hirnhälften. Mehr Informationen finden Sie unter: www.braingym.org.

Die Brain-Gym-Übung geht folgendermaßen:

1. Stellen Sie sich aufrecht hin. Lassen Sie die Schultern fallen. Spüren Sie Ihre Fußsohlen am Boden – wie Wurzeln, die in die Erde wachsen. Ihr Kopf sitzt leicht und unverkrampft auf dem obersten Halswirbel.
2. Heben Sie Ihr linkes Bein leicht an, indem Sie es anwinkeln (Sie stehen nur noch auf dem rechten Bein), und führen Sie die rechte

Hand zu Ihrem linken angewinkelten Knie. Dann stellen Sie das Bein wieder auf den Boden.

3. Nun heben Sie das rechte Bein leicht an, indem Sie es anwinkeln (Sie stehen nur noch auf dem linken Bein), und führen die linke Hand zu Ihrem rechten angewinkelten Knie. Und wieder zurück.
4. Wiederholen Sie diese Übung 2–3 Minuten lang, indem Sie in einer rhythmischen Bewegung mit der Hand über Kreuz das entgegengesetzte Knie berühren. Sie können auch Musik dazu hören, die Sie beschwingt.

Den Erfolg visualisieren

Wie Walt Disney schon meinte: «If you can dream it, you can do it.» Frei übersetzt: «Wenn du es erträumen kannst, dann kannst du es erschaffen.» Für alles, was Sie sich vorstellen können, besteht die Chance, dass Sie es auch erreichen! Wenn Sie sich jedoch nicht einmal vorstellen können, wie Sie optimal präsentieren werden, kann Sie Ihr Unterbewusstsein auch nicht dabei unterstützen.

Können Sie sich vorstellen, bei Ihrer Präsentation so richtig erfolgreich zu sein? Den Applaus zu genießen? Alle Ihre Ziele zu erreichen? Ja? Dann visualisieren Sie das, so oft Sie können.

So visualisieren Sie Ihren Erfolg:

1. Die folgende Übung sollten Sie spätestens eine Stunde vor der Präsentation durchführen. Ansonsten besteht die Gefahr, dass Sie zu entspannt vor das Publikum treten und Ihnen die Energie fehlt!
   Suchen Sie sich einen Ort, an dem Sie sich ungestört hinsetzen können. (Sie können die Übung auch im Liegen machen, wenn Sie dabei nicht einschlafen.) Ideal ist zum Beispiel ein Raum gleich neben dem Ort, an dem Sie präsentieren. Wenn es nicht anders geht, ziehen Sie sich für die Übung auf die Toilette zurück.

2. Setzen Sie sich gerade hin (oder liegen Sie auf dem Rücken) und entspannen Sie sich. Wenn Sie mögen, können Sie dazu angenehme Entspannungsmusik abspielen.
3. Spüren Sie die Sitzunterlage und lassen Sie in Ihrer Vorstellung Wurzeln tief in die Erde wachsen, um mit dem Boden in Kontakt zu sein.
4. Entspannen Sie Ihre Schultern, Beine, Arme, Hüften, Kiefer, die gesamte Gesichtspartie.
5. Bei jedem Einatmen fühlen Sie, wie Sie positive Energie aus der Erde in sich hineinatmen.
6. Bei jedem Ausatmen fühlen Sie, wie Sie alle Nervosität, Angst und ungewollte Gefühle an die Erde abgeben.
7. Wiederholen Sie die Schritte 1 bis 6, bis Sie ganz entspannt sind.
8. Stellen Sie sich nun vor Ihrem geistigen Auge eine weiße Leinwand vor, auf der Sie sich beim erfolgreichen Präsentieren visualisieren. Achten Sie genau darauf, wie Sie die Folien präsentieren, auf Ihre Mimik, Gestik, Ihre Stimme. Verfolgen Sie, wie Sie dem Publikum Ihre Botschaft vermitteln. Visualisieren Sie die gewünschten Reaktionen Ihres Publikums und wie Sie locker alle Fragen beantworten. Malen Sie sich dieses Bild so bunt wie möglich aus. Versuchen Sie, mit allen Ihren Sinnen Ihren Erfolg zu fühlen, den Applaus zu hören, Ihre Emotionen zu spüren. Sehen Sie die Farben, die frohen Gesichter im Publikum. Vielleicht nehmen Sie sogar zu erwartende Gerüche wahr. Je mehr Energie, Gefühl und Kraft Sie in dieses Bild legen, desto eher werden Sie das Vorgestellte erreichen. (Setzen Sie diese Visualisierung so lange fort, wie es für Sie angenehm ist.)
9. Kommen Sie nach dieser kleinen Reise langsam wieder zurück ins Hier und Jetzt. Klopfen Sie sich sanft die Beine ab, strecken Sie sich und gähnen Sie ganz entspannt.

Den optimalen Leistungszustand abrufen

Die Frage nach dem optimalen Leistungszustand spielt besonders bei Sportlern eine Rolle, die bei Wettkämpfen auf den Punkt ihr gesamtes Potenzial abrufen müssen. Doch wie kommen Sie als Redner in einen optimalen Zustand, wenn Sie zum Beispiel sehr nervös sind oder gestresst von einem verspäteten Flug direkt vor das Publikum treten müssen?

Hier helfen mentale Routinen! Das Unterbewusstsein liebt Routinen und kann Sie dabei unterstützen, in den optimalen Präsentationszustand zu gelangen. Entscheidend ist dabei die Zeit vor einer Präsentation: die letzte Stunde, die letzten 10 Minuten und die letzten Sekunden. Sie sollten sich deshalb für diese drei Zeitabschnitte je eine kleine Handlung überlegen, die Sie immer zum jeweiligen Zeitpunkt ausführen. Wichtig: immer die gleiche Handlung für den gleichen Zeitabschnitt!

Beispiel für Routinehandlungen:

- 1 Stunde vor der Präsentation: Sie setzen sich bequem hin und machen die Übung «So visualisieren Sie Ihren Erfolg».

  ➤ **Siehe Seite 156.**
- 10 Minuten vor der Präsentation: Sie setzen sich hin und gehen die ersten 5 Minuten des Vortrags mental durch. Sie sehen vor Ihrem geistigen Auge, wie Sie Ihren Platz vor dem Publikum einnehmen, wie Sie gelassen in die Augen der Zuhörer blicken, optimal starten und die Präsentation beginnen.
- 10 Sekunden vor der Präsentation: Für diesen Moment sollten Sie für sich einen kraftvollen Ausdruck finden, wie zum Beispiel «Let's do it» oder «Go for it». Am besten sprechen Sie die Worte laut aus und machen eine kraftvolle, passende Geste dazu.

Eine bewährte Routine haben Sie jetzt kennengelernt. Nun liegt es an Ihnen, sich Ihre eigene zu erschaffen!

Mehr Informationen zu Mentaltraining und Audio-CDs mit angeleiteten Übungen erhalten Sie unter www.mentalpower.com.

Adrenalin & Co.

Adrenalin ist ein Stresshormon. Es schafft die Voraussetzungen im Körper, um rasch Energiereserven zu mobilisieren, die ursprünglich in gefährlichen Situationen das Überleben durch Kampf oder Flucht sichern sollten. Zum Glück können wir davon ausgehen, dass Sie während einer Präsentation selten von einem Mammut oder sonstigen wilden Tieren angegriffen werden. Lassen Sie den Adrenalinausstoß einfach zu.

Natürlich kommt es dabei zu unangenehmen Nebenerscheinungen wie Rötungen, Schweißausbrüchen – bis hin zum Zittern. Aber diese Auswirkungen nimmt Ihr Publikum oft gar nicht oder nur kaum wahr. Den Adrenalinausstoß bemerken vor allem Sie selbst. Er gibt Ihrem Körper zusätzliche Kraft für Höchstleistungen.

Bei überdurchschnittlicher Nervosität achten Sie auf Ihre Atmung: Atmen Sie bewusst aus. Trinken Sie Wasser. Versuchen Sie, auf stimulierende Getränke wie Alkohol oder Kaffee zu verzichten. Bewegen Sie sich vor der Präsentation möglichst an der frischen Luft. Während des Vortrags suchen Sie sich Freunde im Publikum aus, die Sie anschauen können.

Die Nervosität im Griff

Mit einer einfachen, aber in den meisten Fällen sehr wirksamen Maßnahme halten Sie Ihre Nervosität im Zaum: Den sogenannten Strömgriff haben wir aus dem Jin Shin Jyutsu[27] entnommen. Er wirkt erfolgreich gegen Nervosität. Umfassen Sie einfach mit Ihrer linken Hand Ihr rechtes Handgelenk, sodass die Finger das Gelenk umschließen. Atmen Sie nun tief und bewusst mindestens neunmal ein und aus. Sie können diese Übung beliebig oft wiederholen. Ideal ist der Strömgriff auch, wenn Sie bereits im Publikum sitzen und auf Ihren Auftritt warten, denn es fällt niemandem auf, dass Sie eine Übung ausführen.

ABBILDUNG 52:
Der Strömgriff hilft gegen Nervosität.

Atemübungen

Kurz vor der Präsentation empfiehlt es sich, eine der folgenden Atemübungen durchzuführen.

Die erste Übung nennt sich «Balancing Breath». Sie trägt dazu bei, die beiden Hirnhälften zu synchronisieren, und bringt eine gewisse Balance in Ihr Körperbewusstsein.

So geht die Übung:

1. Halten Sie mit der rechten Hand das rechte Nasenloch zu und atmen Sie durch das linke Nasenloch ein (Bild 1).
2. Halten Sie dann den Atem an.
3. Halten Sie nun mit der linken Hand das linke Nasenloch zu und atmen Sie durch das rechte Nasenloch aus (Bild 2).

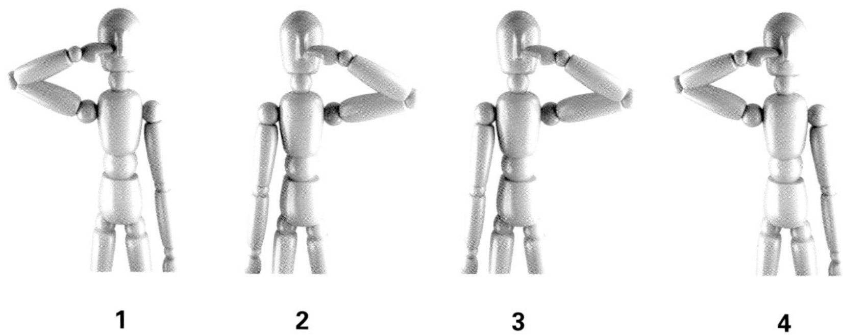

ABBILDUNG 53:
Für die innere Balance: die Atemübung «Balancing Breath»

4. Halten Sie den Atem an.
5. Nun beginnt alles von vorne, aber gespiegelt: Halten Sie das linke Nasenloch zu und atmen Sie durch das rechte Nasenloch ein (Bild 3).
6. Halten Sie den Atem an.
7. Halten Sie das rechte Nasenloch zu und atmen Sie durch das linke Nasenloch aus (Bild 4).

Wiederholen Sie die Übung, so oft Sie wollen, aber immer mit einer geraden Anzahl (also 2-mal, 4-mal etc.). Wichtig dabei ist, dass die Atempausen und das Atmen gleich lang dauern. Die Übung können Sie noch mit einer positiven autosuggestiven Botschaft verstärken: Denken Sie während des Ein- und Ausatmens sowie während der Pausen zum Beispiel «Ich bin ganz ruhig» oder »Ich bin okay». Beachten Sie, dass Ihre Botschaft rhythmisch gedacht wird und immer eine gerade Anzahl von Silben besitzt, also 2, 4, 6, 8 usw.

Bei der zweiten Übung geht es um die Bauchatmung. Sie trainieren, mit dem ganzen Körper und dem Bauch zu atmen. Das stärkt das Zwerchfell, was sich auch positiv auf Ihre Stimme auswirkt. Idealerweise wird die Übung im Stehen durchgeführt.

ABBILDUNG 54:
Übung zur Bauchatmung

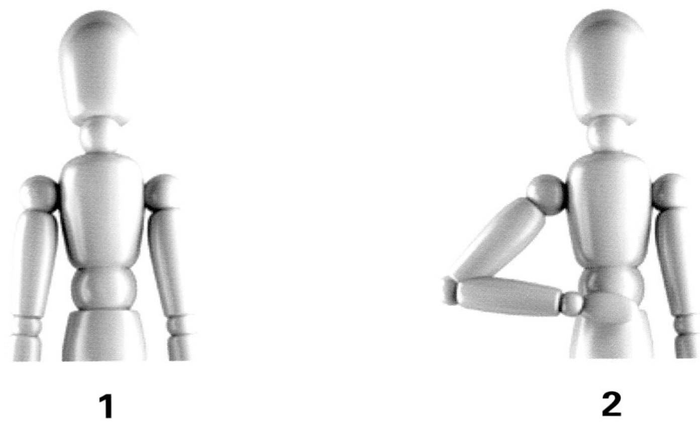

So geht die Übung:

1. Stellen Sie sich breitbeinig und bequem hin. Die Füße stehen parallel auf dem Boden. Fühlen Sie in die Fußsohlen hinein und stellen Sie sich vor, dass Wurzeln aus Ihren Füßen wachsen. Der Kopf sitzt dabei ganz leicht und locker auf dem obersten Wirbel. Fühlen Sie, wie sich Ihr Nacken und Rücken entspannen, während Sie in dieser aufrechten Position bleiben.
2. Legen Sie nun eine Hand auf den Bauch und fühlen Sie, wie sich Ihr Körper bewegt, wenn Sie atmen. Natürlich dürfen Sie dabei auch die Augen schließen, um noch besser auf den Atem achten zu können. Verfolgen Sie den Strom des Ein- und Ausatmens. Was spüren Sie? Was bewegt sich an Ihrem Körper?

3. Nun fühlen Sie bewusst die Wärme Ihrer Hand auf dem Bauch und atmen sozusagen in die Hand hinein. Die Hand bewegt sich jetzt nach vorne beim Einatmen und nach hinten beim Ausatmen. Sie atmen durch den Bauch.

Führen Sie diese Atemzüge so lange durch, wie es Ihnen angenehm ist, und öffnen Sie danach die Augen wieder.

Was ist denn das?
Eine virtuelle Präsentation.
Aha - einloggen und abschalten?!
chr chr chr
Zzzz
Bla, bla, bla . . .
Ich krieg noch ein Bier!

AUF DEN PUNKT GEBRACHT
Achten Sie bei Telefon- und Videokonferenzen besonders auf Interaktivität und Visualisierung.

Kapitel 14: Lächeln, auch wenn's niemand sieht

Reykjavik: Der isländische Vulkan hat zugeschlagen! Halb Europa liegt lahm, die Flieger bleiben am Boden und trotzdem geht das Leben weiter. Ein ideales Szenario für die Befürworter von Web-Meetings, Webinaren, Video- und Telefonkonferenzen. Aber halten Sie jetzt einfach die gleiche Präsentation online oder schicken Sie die Folien per E-Mail und gehen die Präsentation am Telefon durch? Nein, bitte nicht!

Virtuelle Präsentationen – verschiedene Arten und Produkte

Technische Möglichkeiten und Produkte gibt es viele: vom Gratis-Service bis hin zum ausgeklügelten, interaktiven System. Grundsätzlich kann man drei Arten virtueller Präsentationen unterscheiden:

- Online-Präsentationen (über Internet)
- Video-Präsentationen
- Telefon-Präsentationen (inklusive Internet-Telefonie)

Nicht jede Art von Präsentation eignet sich gleich gut für die verschiedenen Medien. Ob Sie bei Ihrer virtuellen Präsentation nun verstärkt auf den Video- oder Audio-Kanal zurückgreifen, hängt vom Thema Ihres Gesprächs und vom Inhalt Ihrer Präsentation ab – oder von den technischen Vorgaben Ihres Arbeitgebers. Wenn nonverbale oder bildliche Aspekte eine große Rolle spielen, rückt die Video- oder die Webkonferenz in den Vordergrund. Bei allen anderen Themen können auch normale Telefonkonferenzen auf dem Audio-Kanal durchgeführt werden.

Unser persönlicher Favorit sind Online-Präsentationen über das Internet. Dies gilt ebenfalls, wenn nur das gesprochene Wort und somit der Audio-Kanal im Vordergrund steht. Der Grund: Auch wenn es nur um eine unterstützende Tagesordnung, ein aussagekräftiges Bild oder einfach die Zusammenfassung der wichtigsten Punkte geht, zeigen wir das gern online während der Präsentation, damit das Publikum das sieht, was gerade besprochen werden soll. WebMeeting, Netviewer und Microsoft Life Meeting sind zum Beispiel professionelle Werkzeuge, die eine hohe Interaktion mit den Teilnehmern erlauben und so zu einer stringenten Führung des Publikums beitragen.

ABBILDUNG 55:
Vergleich von virtuellen Präsentationsmöglichkeiten

Fähigkeiten der Präsentationsformen	**Online**	**Video**	**Telefon**
Klare Prozessführung des Publikums	XX	X	
Zeigen von Mustern, Beispielen (Bild) (mit Webcam)	X	XX	
Interaktivität, Abstimmungen, Umfragen, Fragen & Antworten	XX	X	X
Möglichkeit, ein grösseres Publikum gleichzeitig anzusprechen	XX		X
Emotionen vermitteln können		XX	
Preiswert, keine grosse Infrastruktur	XX		XX
Möglichkeit der Aufzeichnung für spätere Verwendung	XX	X	X
Verbreitung und Akzeptanz	X		XX

Die jeweiligen technischen Vor- und Nachteile einzelner Lösungen hier zu beschreiben wäre wenig sinnvoll und bald veraltet. Sie finden jedoch eine gute Übersicht und einen neutralen Testvergleich verschiedener Anbieter im Internet, unter anderem auf dieser Webseite: www.webconferencing-test.com.

Auch hier gilt: Vorbereitung ist die halbe Miete

Wenn Sie virtuell präsentieren, gelten die in Teil I des Buches beschriebenen Regeln für Struktur und Aufbau einer Präsentation umso mehr, denn Sie können den Lern- und Verständnisprozess sowie die Aufmerksamkeit der Teilnehmer während der virtuellen Präsentation schlechter beeinflussen als bei einer Live-Präsentation. Bereiten Sie sich also mit mindestens gleich hohem Aufwand vor wie auf eine Live-Präsentation vor Publikum.

Darauf sollten Sie achten:

- Nutzen Sie die Interaktivität und Dialogfähigkeit des Mediums durch Chat-Funktionen und Umfragen.
- Adaptieren Sie die Inhalte auf das Medium.
- Denken und handeln Sie visuell.
- Planen Sie auch in der virtuellen Welt ein Erlebnis oder eine Erfahrung für die Teilnehmer und keinen langweiligen Vortrag.
- Führen Sie technische und inhaltliche Probeläufe durch.
- Stellen Sie möglichst sicher, dass an allen Standorten, die an der virtuellen Konferenz teilnehmen, eine technisch versierte Person zur Verfügung steht (besonders wichtig bei Videokonferenzen).
- Planen Sie genug Zeit für die technische Einrichtung (Einschalten, Einloggen usw.) an allen Standorten ein.

Die Rolle von PowerPoint bei einer virtuellen Präsentation

Meistens werden auch bei virtuellen Präsentationen PowerPoint-Folien eingesetzt. Noch mehr als beim Erstellen von Folien für Live-Präsentationen gelten im virtuellen Raum insbesondere die folgenden Empfehlungen:

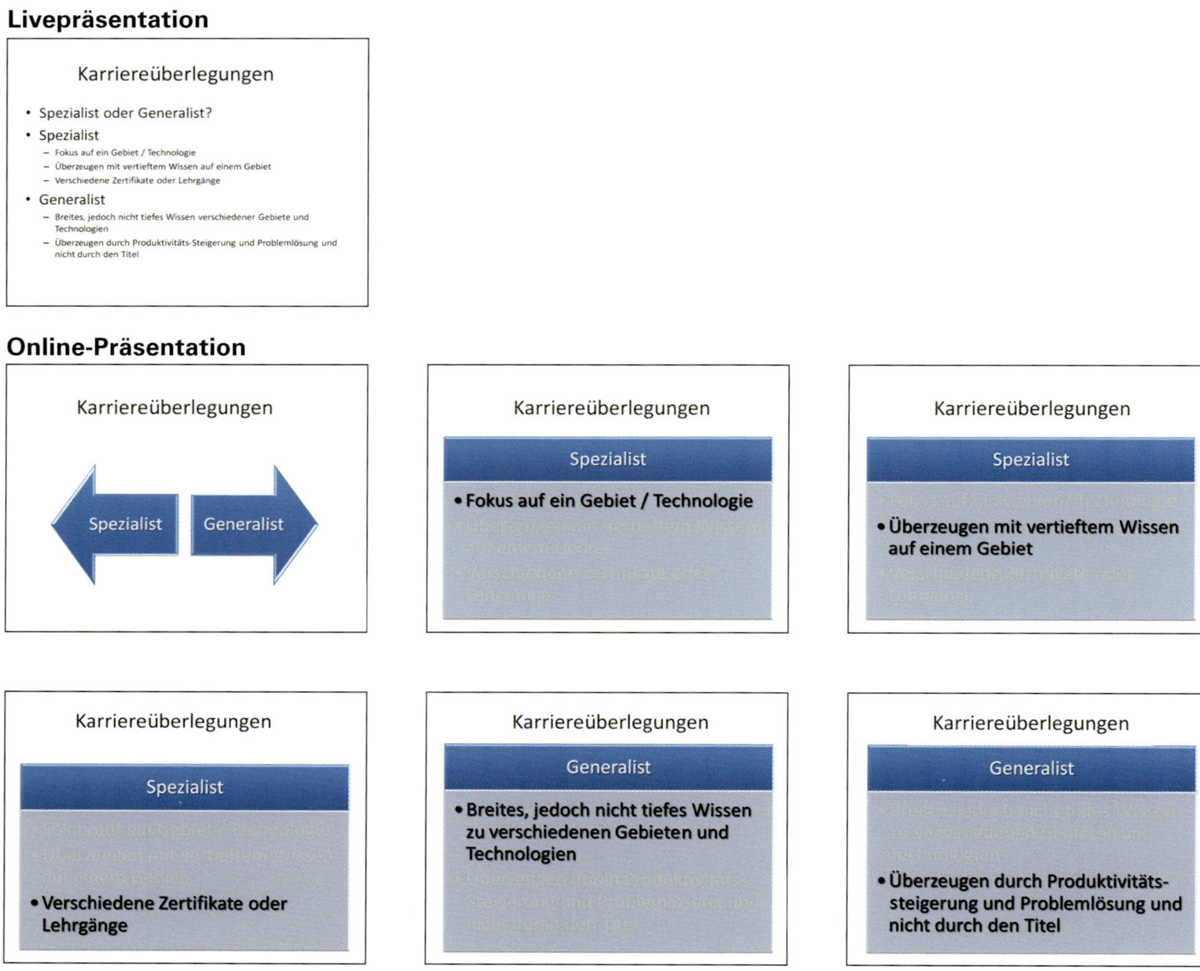

ABBILDUNG 56:
Was in einer Live-Präsentation auf eine Folie passt, wird bei Online-Präsentationen auf mehrere Folien verteilt – eine grafische Darstellung verbessert zudem das Verständnis

Wichtige Aspekte bei der Gestaltung der Folien:

- Einfachheit: Die Folien sollten einfach verständlich sein und maximal eine Botschaft pro Seite enthalten.
- Einsatz von Bildern: Visualisieren Sie so viel wie möglich. Wählen Sie emotionale Bilder.

- Struktur: Zeigen Sie Prozesse in Schritten auf. Suchen Sie nach Beziehungen, die Sie darstellen können (zum Beispiel von groß zu klein, sequenziell oder aufbauend).
- Kürze: Fassen Sie sich kurz. Sogar die 5 x 5-Regel (pro Folie maximal 5 Punkte mit je maximal 5 Wörtern) ist hier zu viel.
- Schnelligkeit: Verbleiben Sie nicht minutenlang auf derselben Folie, sondern klicken Sie rasch weiter. So lassen Sie Ihre Präsentation wie einen Film erscheinen.
- Interaktivität: Planen Sie interaktive Elemente ein (siehe hierzu Seite 170).
- Direktheit: Bringen Sie Ihre Botschaften noch schneller auf den Punkt. Erzählen Sie keine langen Geschichten. Beschränken Sie sich auf eine knappe Einleitung.

Beim Erstellen von Folien machen oft auch eingefleischte Präsentatoren und gute Live-Redner den Fehler, ihre Folien einfach ohne Änderung auf das virtuelle Medium zu übertragen. Der wichtigste Unterschied ist hier aber die hohe Geschwindigkeit, mit der die Folien durchgeklickt werden. So sorgen Sie nämlich dafür, dass die Teilnehmer aufmerksam bleiben. Professor Lawrence Lessig von der Stanford University hielt einmal eine bahnbrechende Online-Präsentation: 235 Folien in 30 Minuten. Wow, da waren die Studenten bei der Stange (http://bit.ly/mn5vy)!

Auf PowerPoint-Animationen sollten Sie verzichten, da oftmals technische Verzögerungen bei der Bildübertragung den Fluss stören können. Bauen Sie darum eine Animation auf, wie es die folgende Abbildung auf Seite 168 zeigt.

Beginnen Sie mit der letzten Folie und entwickeln Sie rückwärts. So kreieren Sie eine Animation, ohne in PowerPoint zu animieren: schnell, sicher, einfach.

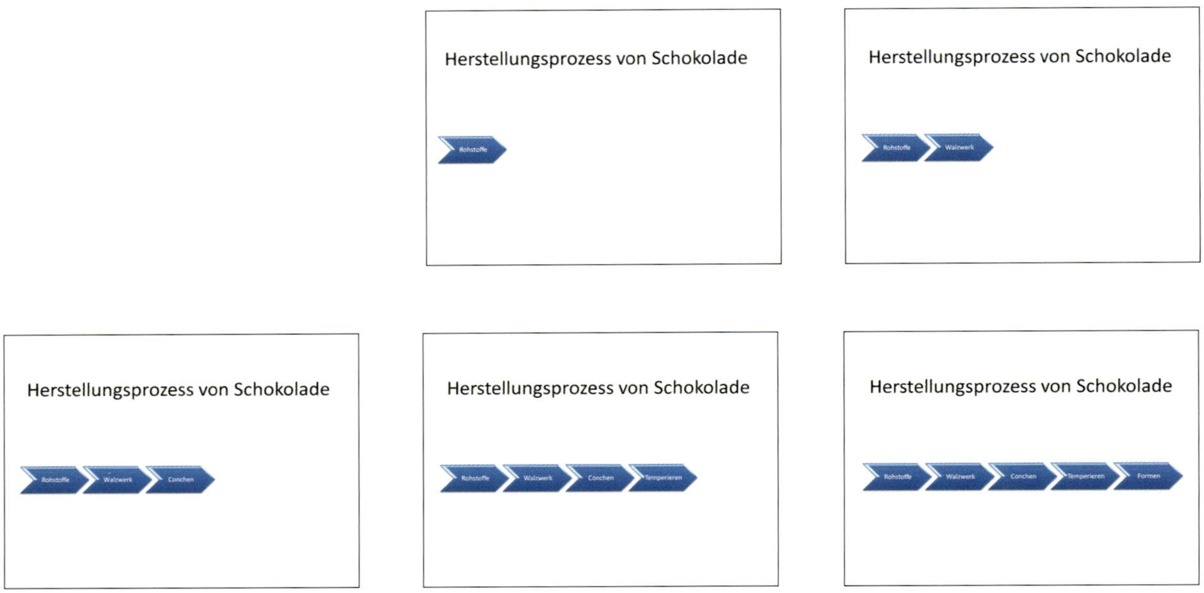

ABBILDUNG 57: Animation bei einer Online-Präsentation

Bauen Sie interaktive Elemente ein

Bei virtuellen Präsentationen kämpfen Sie gegen die Single- und Multi-Tasking-Fähigkeit der Teilnehmer. Mit einem einzigen Klick sind Ihre Zuhörer beim Online-Chat (zum Beispiel über MSN) oder gar bei einem anderen Telefonat. Neben der oben beschriebenen Schnelligkeit bei der Präsentation trägt die echte Dialogfähigkeit moderner Kommunikations-Software dazu bei, dass die Teilnehmer bei der Sache bleiben.

Die folgende Abbildung zeigt exemplarisch die Benutzeroberfläche von MS Office Communicator 14. Videokonsole, Chat, Dokumenten-Upload und Whiteboarding sind alle in einer Benutzeroberfläche integriert.

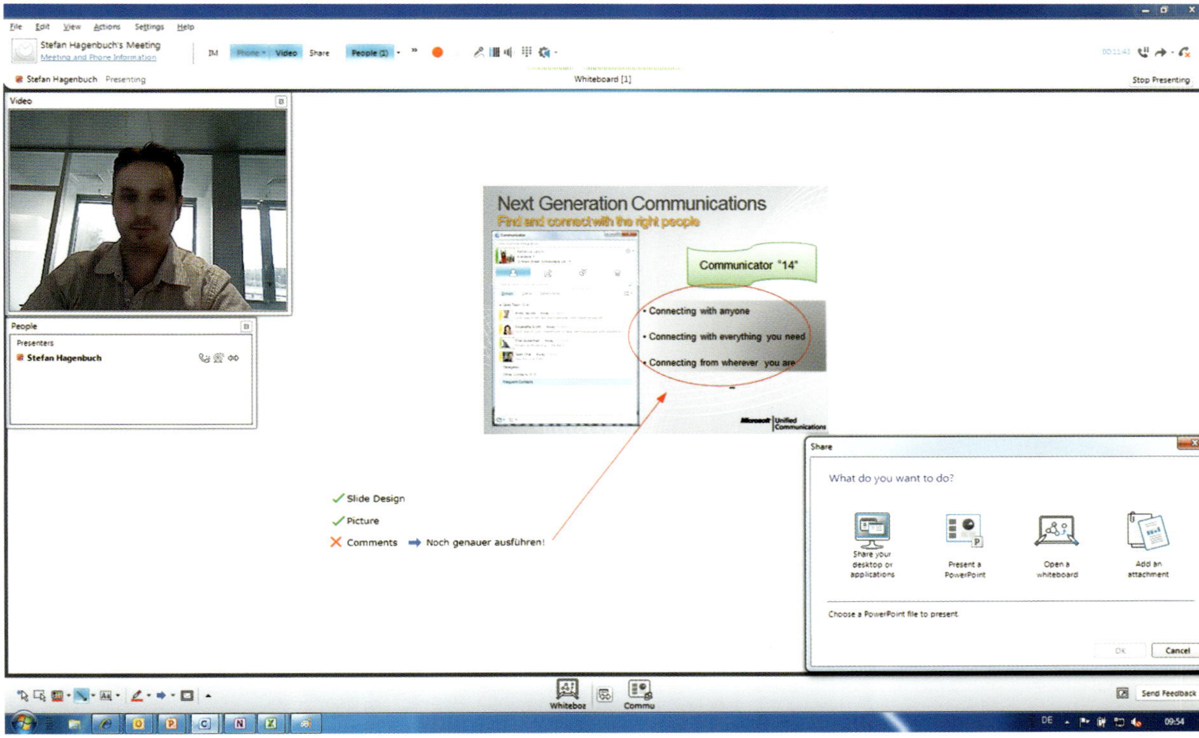

ABBILDUNG 58:
Ein Beispiel für moderne Kommunikations-Software: Microsoft Office Communicator 14

Setzen Sie bewusst interaktive Elemente in Ihrer Präsentation ein:

- Umfragen (Polls)
- Fragen über eine Chat-Konsole
- Feedback
- Whiteboarding (gemeinsames Arbeiten am selben Dokument)
- Abwechselnder Einsatz verschiedener Präsentatoren und Moderatoren (zum Beispiel bei Fragen und Antworten)

TIPP

Beantworten Sie eine (eventuell über Chat oder E-Mail zugestellte) Teilnehmerfrage zu einem frühen Zeitpunkt in der Präsentation. Für den Fall, dass Sie keine Fragen bekommen, bereiten Sie welche vor, die Sie selbst beantworten.

Präsentieren Sie nie länger als maximal 10 Minuten am Stück, besser nur 5. Unterbrechen Sie oft mithilfe von Fragen, Umfragen oder Einschüben. Aber aufgepasst: Planen Sie keine Beschäftigungsprogramme durch falsche, nicht zielführende Interaktionen.

Worauf es bei der Durchführung ankommt

Viele haben das Gefühl, beim virtuellen Präsentieren einen großen Vorteil zu haben: Man kann ja ablesen. Falsch! Probieren Sie es mal selbst aus. Lesen Sie ein Skript einfach ab: Ihr Publikum merkt es und schläft ein oder klickt weg. Sie müssen sich also genauso gut vorbereiten wie beim normalen Präsentieren – eher noch besser!

TIPP

Obwohl sie im Home Office niemand sehen kann, wirken viele Redner auch am Telefon professioneller in Anzug und Krawatte als in Boxershorts und Flip-Flops.

Zwar können Sie bei einem Austausch ohne Videoeinsatz auf den teuren Nadelstreifenanzug verzichten, denn man nimmt in diesem Fall Ihre Professionalität nur durch Ihre gute Vorbereitung und über Ihre Stimme wahr. Trotzdem: Wenn Sie sich in eleganten Kleidern besser fühlen, dann ziehen Sie diese an.

Beim virtuellen Präsentieren ist Ihre Stimme Ihr wichtigstes Instrument. Wenn sie angenehm klingt, dann haben Sie schon einen Vorteil. Dennoch gibt es einiges zu beachten:

Spielen Sie mit Ihrer Stimme:

- Variieren Sie die Geschwindigkeit Ihrer Sätze.
- Variieren Sie die Tonlage der Stimme.
- Variieren Sie mit Emotionen. Fühlen Sie, was Sie sagen.
- Variieren Sie die Lautstärke.
- Variieren Sie durch den Einsatz von Sprechpausen.
- Setzen Sie Gestik und Mimik ein – unabhängig davon, ob Sie gesehen werden oder nicht.

Wenn Sie zu schnell sprechen, dann könnte man Sie als nervös empfinden; wenn Sie zu langsam sind, schläft Ihr Publikum ein oder macht nebenbei etwas anderes. Seien Sie sich also über das Tempo und die Modulation Ihrer

Stimme stets bewusst. Nehmen Sie sich probeweise mit einem Mikrofon auf und hören Sie sich die Aufnahme selbst an. So werden Sie auf Möglichkeiten zur Verbesserung aufmerksam!

Die wichtigsten Tipps für eine gute Präsentation:

- Stehen Sie zum Präsentieren auf! So haben Sie mehr Energie. Und die macht sich bemerkbar, auch wenn Sie nicht gesehen werden.
- Halten Sie ein Glas Wasser bereit! Damit schaffen Sie Abhilfe, falls Ihr Mund trocken wird oder Sie einen Hustenreiz verspüren. Vermeiden Sie Milchprodukte, Nüsse und zu viel Kaffee am Tag der Präsentation. Sie verschleimen den Rachen und schaden der Stimme.
- Schauen Sie in die Kamera, nicht in den Bildschirm! Falls Sie eine Webcam oder Video benutzen, würde man sonst nur Ihre Stirn sehen.
- Wiederholen Sie wichtige Gedanken! Machen Sie die betreffenden Aussagen mit einer leicht anderen Betonung ein zweites Mal und fahren Sie dann fort.

ABBILDUNG 59:
Lächeln Sie den Bildschirm oder sich selbst in einem Spiegel an.

– Schauen Sie in einen Spiegel und lächeln Sie sich selbst an! Man wird es Ihrer Stimme anhören! Sie verändert sich sofort und wirkt sympathischer. (Dieser Trick ist nicht notwendig, wenn Sie Video einsetzen, denn dabei sehen Sie sich selbst in einem Kontrollfenster am Bildschirm.)

Zwischenfällen vorbeugen

Um störende Hintergrundgeräusche zu vermeiden, können Sie die Lautsprecher oder auch die Telefone auf «stumm» schalten (vergessen Sie aber nicht, sie später wieder «laut» zu stellen). So haben Sie eine bessere Kontrolle über die Interaktionen mit den Teilnehmern und eventuell bei ihnen auftretende Unruhe.

Bevor Sie online präsentieren, starten Sie Ihren Computer einmal neu. Dann öffnen Sie nur die Programme, welche Sie für die Präsentation brauchen. Löschen Sie alle unnötigen Dokumente und auch die «Historie» in Ihrem Webbrowser, dann sind Sie auf der sicheren Seite. Denn wir haben schon Folgendes erlebt: Ein Vertriebsmanager wollte vor versammeltem Publikum ein neues Online-Tool live im Webbrowser zeigen. Beim Starten des Programms erschienen in der Eingabezeile die zuletzt besuchten Webseiten – unter anderem einige erotische Angebote. Es war allen nicht nur peinlich, sondern die überwiegend männlichen Zuhörer haben erst einmal neugierig nachgeschaut, was es dort zu sehen gibt.

Präsentieren im Team – Moderation und Support

Nirgends eignet sich ein Moderator so gut wie im virtuellen Raum. Er muss ja nicht physisch neben Ihnen sitzen, sondern kann sich wie Sie auch einfach einwählen. Der Moderator kann eröffnen, vorstellen, zusammenfassen, online über eine Chat-Konsole Fragen beantworten (falls Sie Internet benützen), diese auch im Plenum auf dem Audio-Kanal stellen und Sie bei der Präsentation unterstützen.

Auch wenn es widersprüchlich klingt: Planen Sie Spontaneität gezielt ein. So sollte zum Beispiel der Moderator einige vorher mit Ihnen besprochene

Fragen stellen und auf diese Weise zur Interaktivität und damit zur Spontaneität beitragen.

Die Erfahrung hat gezeigt, dass Sie ab 20 Teilnehmern eine Person für den Support benötigen, denn oft tauchen auch organisatorische Fragen auf: «Wo kriege ich den Log-in (im Internet) her?» Oder: «Wo ist die Einwahl-Nummer?» Wenn Ihnen jemand anders solche Fragen abnimmt, können Sie sich voll auf Ihre Präsentation konzentrieren.

TIPP

Stellen Sie Ihr Mobiltelefon auf lautlos, aber nicht ab! So bleiben Sie für den Moderator oder die Telefonfirma erreichbar, falls etwas schiefgeht.

Die Nachbereitung – ein Service für die Teilnehmer

Virtuelle Präsentationen, speziell über das Internet, kann man einfach aufnehmen und später wieder zur Verfügung stellen. Schreiben Sie Ihr Publikum am besten per E-Mail nach der Präsentation an: Fassen Sie in kurzen Sätzen nochmals die wichtigsten Inhalte zusammen und wiederholen Sie den Aufruf zu weiteren Schritten. Fügen Sie eventuell ein Protokoll bei, ein «Dankeschön», eine Kopie der Folien (inklusive Handouts, falls Sie den gesprochenen Text nicht aufgenommen haben) oder einen Link zur aufgenommenen Präsentation.

Berücksichtigen Sie, dass die Folien, die Sie in der virtuellen Präsentation benutzt haben, als Dokumentation oft ungeeignet sind. Stellen Sie die Folien gegebenenfalls nachbearbeitet und inklusive der Speaker-Notes zur Verfügung. ➤ **Siehe Kapitel 11.**

Vergessen Sie bei dieser Aktion die Personen nicht, die zwar teilnehmen wollten, aber nicht teilgenommen haben. So erreichen Sie auch diese mit einem gekonnten Nachfassen.

Trotz der vielen Vorteile haben virtuelle Präsentationen jedoch auch ihre Grenzen. In bestimmten Situationen (siehe Kasten) bringt der persönliche Auftritt viel mehr.

In folgenden Fällen sollten Sie auf eine virtuelle Präsentation verzichten:

- Wenn Sie eine negative Botschaft vermitteln müssen, zum Beispiel bei personellen oder höchst emotionalen Themen.
- Wenn Sie eine Beziehung oder Vertrauen aufbauen möchten. Um Vertrauen zu wecken, müssen Sie mehrere Sinne Ihres Publikums ansprechen. Dies ist nur möglich bei einem persönlichen Treffen beziehungsweise einer persönlichen Präsentation.
- Wenn Sie Veränderungsprozesse anstoßen möchten. Veränderungen setzen die Bereitschaft zum Mitmachen voraus. Dies erreichen Sie schlecht im virtuellen Raum.

TOC
PFEIFF!
Wie Sie hier sehen ...
TOC
Verstehst du etwas?
Nein, aber kreativer Zeigestab!

AUF DEN PUNKT GEBRACHT

Beachten Sie die Gebote und Tabus für internationale Auftritte auf der großen Bühne.

Kapitel 15: Auf den Brettern stehen, die die Welt bedeuten

Auf einer Bühne kann es ganz schön einsam sein. Sie erscheint so groß wie ein Fußballfeld, so hoch wie das Matterhorn und die Scheinwerfer brennen auf uns nieder wie die Sonne in der Sahara. Noch schlimmer: Wir sind so geblendet, dass wir die Zuschauer nicht sehen können. Es ist heiß. Die Schweißperlen stehen uns auf der Stirn.

Nur – vor großem Publikum kommen wir nicht um eine Bühne herum, denn sonst sieht und hört uns keiner. Aber mit der richtigen Vorbereitung und Übung schaffen Sie es, auch international sicher vor großem Publikum aufzutreten, sich souverän zu bewegen auf den Brettern, die die Welt bedeuten.

Auftritte bei Kongressen und vor großem Publikum

Wie viele Zuschauer umfasst ein großes Publikum? Wir sind der Meinung, es fängt ab etwa 50 Zuschauern an. Sie stehen dann auf einer Bühne, damit man Sie sehen kann, und setzen ein Mikrofon ein, damit man Sie hören kann.

Auf ein großes Publikum, den entsprechend großen Raum und einige weitere Faktoren müssen Sie sich in besonderer Weise einstellen. Damit Ihnen das gut gelingt, haben wir auf den nächsten Seiten die wichtigsten Punkte aufgeführt.

Folgendes sollten Sie bedenken

Vorbereitung: Sorgen Sie dafür, dass Ihnen vom Veranstalter mindestens 30 Minuten für die Vorbereitung unmittelbar vor Ihrer Präsentation zur Verfügung gestellt werden. «Lieber zu viel als zu wenig Zeit haben», lautet die Devise. Ziel ist, bereit zu sein, wenn das Publikum eintrifft.

TIPP
Prüfen Sie vor Beginn Ihrer Präsentation den Raum und die Bühne. Ist alles an seinem Platz, zum Beispiel Plakate, Poster, Mikrofon, ein Glas Wasser, Notizen?

Atmosphäre: Ein großes Publikum ist vergleichbar mit einem großen Tanker: einerseits träge und schwierig in Fahrt zu bringen, andererseits kaum zu bremsen, wenn er erst einmal läuft. Ein kleines Publikum ist eher wie ein kleines Motorboot: wendig, schnell und beweglich.

Raumgröße: Im Idealfall passt der Raum genau für die Anzahl der Zuschauer. Notfalls nehmen Sie lieber einen etwas zu kleinen Raum als einen zu großen, das ist für die Atmosphäre günstiger. Was können Sie tun, wenn Sie erwarten, dass der Raum nicht voll wird? Nutzen Sie (a) Stellwände, um den Raum künstlich zu verkleinern. Sperren Sie (b) erst einmal die hinteren Reihen ab, zum Beispiel mit einer Kordel, sodass zunächst die vorderen Reihen gefüllt werden. Bei Bedarf geben Sie die hinteren Reihen nach und nach frei.

ABBILDUNG 60:
Bleiben Sie nicht in der Mitte der Bühne stehen, sondern gehen Sie auch mal zu den Zuschauern an den Flügeln.

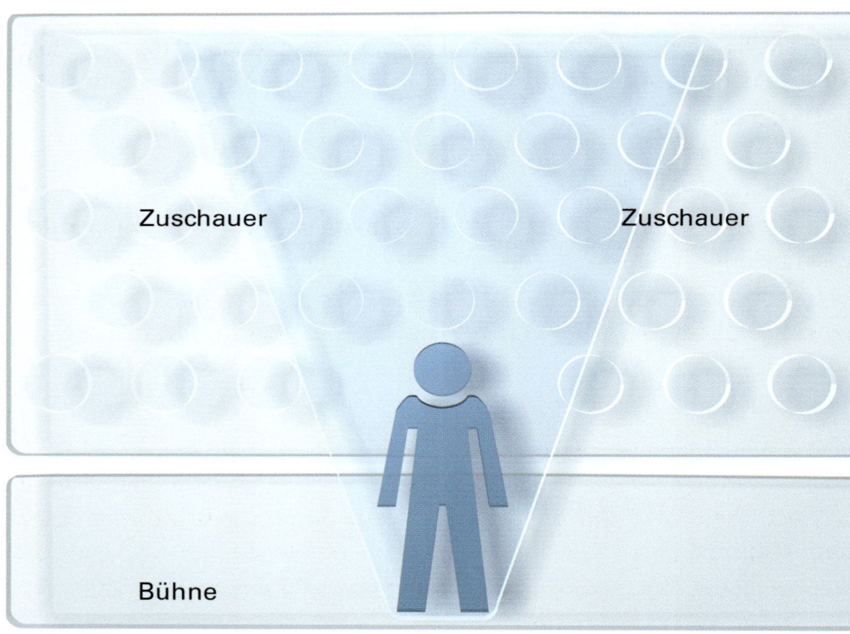

Bühne: Sie stehen erhöht auf einer Bühne. Sie gehört Ihnen. Gerade weil Sie weiter weg stehen, ist es aber schwieriger, mit den Zuschauern in Interaktion zu treten. Bleiben Sie also nicht nur in der Mitte stehen, sondern nehmen Sie die ganze Bühne ein; die Personen an den Flügeln werden es Ihnen danken.

Rednerpult: Wir empfehlen Ihnen, das Rednerpult auf die Seite zu schieben und nur für die Ablage Ihrer Notizen, gegebenenfalls den Laptop, zu nutzen. Klammern Sie sich auf keinen Fall mit beiden Händen am Rednerpult fest, denn das verhindert eine lebendige Gestik. Wenn Sie hinter dem Rednerpult stehen, werden zudem 80 Prozent Ihrer Energie vom Pult blockiert. Sorgen Sie also frühzeitig dafür, dass Sie nicht mit einem fest installierten Mikrofon am Rednerpult vorliebnehmen müssen, sondern dass Sie ein Ansteckmikrofon oder ein Headset erhalten.

Mikrofon: Fixe Mikrofone am Rednerpult und Handmikrofone nehmen Ihnen die Flexibilität, die Sie brauchen, um Ihr Publikum zu begeistern. Alle erfolgreichen Redner bewegen sich frei auf der Bühne. So haben sie die Hände frei zum Gestikulieren oder zum Bedienen der Fernsteuerung für die Folien.

Technik: Wir legen Ihnen ans Herz, bereits lange vor der Präsentation alle technischen Hilfsmittel zu überprüfen: Beamer, Laptop, Verlängerungskabel, Präsentation (Schriftgröße!), Mikrofon inklusive Verkabelung der Batterieeinheit, Ersatzbatterien, Rollläden, Licht, Ton. Sichern Sie sich die Unterstützung des technischen Dienstes und merken Sie sich dessen Namen und Telefonnummer.

TIPP

Vergessen Sie nicht, einen oder mehrere Stromadapter fürs Ausland mitzubringen, falls Sie eigene Geräte wie Laptop und Beamer einsetzen wollen.

Mehrere Leinwände: Nutzen Sie möglichst zwei Leinwände. Auf der einen Leinwand zeigen Sie die Präsentation und auf der anderen werden Sie groß auf Video übertragen, damit man Sie auch in der hintersten Reihe sehen kann. Oder Sie können die PowerPoint-Folien in zwei unterschiedlichen Sprachen anzeigen. In diesem Fall sollte jemand zur Verfügung stehen, der dafür sorgt, dass die beiden Präsentationen synchron ablaufen.

Scheinwerfer: Die Scheinwerfer sorgen für Hitze auf der Bühne und Sie werden von ihrem Licht geblendet. Je nach Anlass können Sie sich eventuell etwas leichter kleiden: Statt eines dreiteiligen Wollanzugs tragen Sie ein leichtes Hemd. Auch wenn die Schminke Sie im Gesicht juckt, sollten Sie sich nicht kratzen. Verschmierte Schminke sieht auf der Leinwandübertragung schlecht aus.

ABBILDUNG 61:
Nutzen Sie die Vorteile von zwei Leinwänden.

TIPP

Halten Sie bei Präsentationen immer ein gebügeltes Stofftaschentuch bereit. Damit können Sie sich den Schweiß diskret und gepflegt abtupfen.

Blickkontakt: Je stärker die Scheinwerfer, desto schwieriger der Blickkontakt, denn Sie sehen wegen des starken Lichts das Publikum nicht. Trotzdem müssen Sie so tun, als ob Sie die Zuschauer anschauen würden. Vergessen Sie niemanden – auch nicht diejenigen, die links und rechts außen sitzen. Stellen Sie sich einfach die Gesichter vor.

Foto und Video: Lassen Sie sich aufnehmen, damit Sie nach der Präsentation in aller Ruhe anschauen können, was gut und weniger gut gelaufen ist. Und Sie haben ein schönes Andenken, das Sie zum Beispiel auch auf Ihrer Webseite einsetzen können.

Energie: Auf der großen Bühne werden Sie fast nur als kleine Ameise wahrgenommen. Wenn Sie die Aufmerksamkeit der Zuhörer auf sich ziehen wollen, müssen Sie mit viel Energie arbeiten. Seien Sie also nicht überrascht, wenn Sie nach Ihrem Vortrag patschnass und völlig erschöpft sind. Rockstars sind das auch.

Zuschauerbeteiligung: Sie wird mit zunehmender Größe des Publikums weniger. Manche Zuschauer fühlen sich in einer großen Menge sogar wohler, weil sie nicht (oder zumindest weniger) Gefahr laufen, aufgerufen zu werden. Sie sagen sich: «Ich kann mich einfach mal reinsetzen, mich zurücklehnen und zuhören.» Überlegen Sie sich deshalb gerade auch für das große Publikum, wie Sie es aktivieren. Einzelne, individuelle Aufrufe eignen sich dafür aber nicht, denn ohne Mikrofon wird kaum jemand einen einzelnen Beitrag verstehen. Gut geeignet zur Aktivierung ist hingegen die Hand-hoch-Abstimmung. Beispiel: «Wer von Ihnen war schon einmal in Dubai? Hand hoch.» Außerdem können Sie den Teilnehmern 2–3 Minuten Zeit geben, sich mit dem Nachbarn auszutauschen. Das nennt man dann eine Murmelgruppe.

Körpersprache: Einer der schönen Aspekte der großen Bühne ist, dass Sie so richtig große Gesten machen können. Keiner wird sie als übertrieben wahrnehmen. Im Gegenteil: Nur die großen Gesten werden auch in den hinteren Reihen noch bemerkt.

TIPP

Stellen Sie ein Glas oder eine Flasche Wasser bereit. Nehmen Sie ruhig ab und zu einen Schluck. Ihre Stimme wird es Ihnen danken.

Stimme: Mit Mikrofon ist es kein Problem, dass alle Sie gut hören. Andernfalls versuchen Sie probeweise, mit jemandem aus der hintersten Reihe zu reden, dadurch sprechen Sie automatisch so laut, dass er Sie versteht. Allerdings ist es ohne ausreichendes Training sehr anstrengend, diese Lautstärke für die Dauer einer Präsentation durchzuhalten.

Proben: Kleine und große Präsentationen müssen geprobt werden. Große noch öfter, weil es die wenigsten Redner gewohnt sind, auf einer großen Bühne zu stehen.

Störungen: Bei einem großen Publikum müssen Sie ständig mit Störungen rechnen. Leute, die kommen, Leute, die gehen, Leute, die mit dem Nachbarn quatschen, Leute, die in ihren Unterlagen wühlen. Finden Sie sich damit ab. Ignorieren Sie sie und machen Sie trotzdem weiter.

Fragen und Antworten: Es kommt immer wieder vor, dass während des Fragen-Antworten-Teils betretenes Schweigen herrscht. Um das zu verhindern, bereiten Sie selbst eine Frage vor. Am elegantesten lassen Sie diese einen Dritten stellen, der so tut, als stamme er aus dem Publikum. Schon ist das Eis gebrochen und die anderen Fragen kommen ganz von selbst. Bei großem Publikum sollten Sie Fragen generell wiederholen, damit alle Anwesenden sie verstehen, oder ein Mikrofon für Fragesteller bereithalten. ➤ **Mehr zum Umgang mit Fragen finden Sie in Kapitel 13.**

TIPP

Bieten Sie Ihrem Publikum zum Schluss an, nach der Präsentation noch zur Verfügung zu stehen. Viele werden dieses Angebot dankbar annehmen, um Ihnen im kleinen Kreis noch ein paar Fragen zu stellen oder Erfahrungen auszutauschen.

Feedback: Bestimmen Sie vor dem Auftritt jemanden, der Ihnen danach ein ehrliches Feedback geben soll. Die so gewonnenen Erkenntnisse helfen Ihnen, schneller noch besser zu werden.

Moderator: Mit größter Wahrscheinlichkeit wird es bei einem Kongress einen Moderator geben. Sprechen Sie sich mit ihm ab, zum Beispiel über den zeitlichen Ablauf, die Dauer der Präsentation, das Zeichen für Zeitüberschreitung, über das Intro, die Aussprache Ihres Namens und Sonstiges, was Ihnen wichtig ist.

Übrigens: Genießen Sie den Auftritt vor großem Publikum. Nicht vielen ist es vergönnt, eine große Zahl von Zuschauern auf einen Schlag zu informieren, zu überzeugen und/oder zu inspirieren.

Internationale und interkulturelle Präsentationen

Viele Faktoren beeinflussen das Verhalten eines Publikums: Kultur, Beruf, Geschlecht, Alter, Glaube, Geisteszustand, lokale Gegebenheiten (Zeitgeschehen und Ort) und die allgemeine Stimmung. Tatsächlich ist jedes Publikum einzigartig, selbst innerhalb desselben Landes. Deutsche Bankangestellte unterscheiden sich als Publikum maßgeblich von deutschen Chemie-Ingenieuren. Wenn jetzt noch Sprachbarrieren und unterschiedliche Nationalitäten hinzukommen, dann werden die Anforderungen an den Redner erst recht groß und komplex. Eine Präsentation vor internationalem Publikum mit unterschiedlichem kulturellem Hintergrund und verschiedenen Muttersprachen zu halten stellt also eine besondere Herausforderung dar.

Sprachbarrieren

Die Schwierigkeiten bei interkulturellen Präsentationen fangen bereits dort an, wo die Beteiligten glauben, die gleiche Sprache zu sprechen, sei es Englisch zwischen einem Inder, einem Neuseeländer und einem Amerikaner, sei es Deutsch zwischen einem Deutschen, einem Schweizer und einem Österreicher. Erschwerend kommt hinzu, dass der Redner oft weder in seiner eigenen Muttersprache noch in derjenigen des Publikums spricht. Eine zunehmende Zahl von Präsentationen wird heute auf Englisch gehalten. Angeblich soll ein Redner einmal in seiner Einleitung folgendes Erlebnis dem Publikum mitgeteilt haben: «I was crossing the street; I had really pig, because I was almost run over by a car.» Das soll mal einer verstehen. Zu Deutsch: «Ich ging über die Straße. Ich hatte wirklich Schwein, nicht von einem Auto überfahren worden zu sein.»

Bei Präsentationen vor gemischtem Publikum wird es also noch wichtiger, die Zielgruppe und die eigenen sprachlichen Fähigkeiten im Vorfeld zu analysieren. Mangelnde Sprachkenntnisse können Sie zwar beeinträchtigen, aber dies lässt sich teilweise durch gute Struktur und Vorbereitung wettmachen.

Prinzipiell haben Sie in dieser Situation zwei Möglichkeiten: Sie präsentieren in einer für Sie fremden Sprache oder Sie ziehen einen Dolmetscher hinzu.

Selbst in der fremden Sprache präsentieren

TIPP
Wenn Sie in einer Fremdsprache präsentieren, bitten Sie einen Muttersprachler, sich Ihre Folien durchzusehen und zu kommentieren. Bitten Sie diese Person auch, Ihnen bei einer Probe zuzuhören und Sie sprachlich zu korrigieren.

Wenn Sie selbst in einer Fremdsprache präsentieren, sollten Sie diese gut genug beherrschen, um problemlos verstanden zu werden. Perfekt müssen Sie nicht sein. Wenn allerdings das Publikum Sie wegen Ihres Akzents oder Ihrer Aussprache nicht verstehen kann, dann sollten Sie auf einen Dolmetscher zurückgreifen. Sie haben bestimmt auch schon ein schlechtes Beispiel miterlebt: Jemand aus Asien versuchte Englisch zu sprechen, und Sie glaubten, er würde immer noch in seiner Muttersprache reden. Aber wir müssen gar nicht nach Asien gehen, um dieses Phänomen zu beobachten. Wir haben auch schon deutschsprachige Redner gehört, wie sie radebrechend Englisch über die Lippen gebracht haben. (Dazu gibt es ein paar schöne Beispiele von Politikern auf YouTube.)

Angenommen, Sie beherrschen die Fremdsprache gut, dann steht Ihrer Präsentation nichts mehr im Wege, wenn Sie noch die Punkte berücksichtigen, die wir im folgenden Kasten zusammengestellt haben.

So fällt Ihnen das Präsentieren in einer Fremdsprache leichter:

- Schreiben Sie sich die Schlüsselwörter heraus. Wenn Sie unsicher sind, wie diese ausgesprochen werden, dann lassen Sie sich von jemandem helfen.
- Üben Sie öfter als für eine Präsentation in Ihrer Muttersprache.
- Machen Sie kurze Sätze (noch ausgeprägter als sonst).
- Stellen Sie in der Einleitung ein paar Fragen, um das Publikum kennenzulernen. Die Antworten werden Ihnen helfen, die Präsentation noch genauer auf die Zuhörer zuzuschneiden.
- Humor, Witze und Ironie lassen sich nur schwierig in eine andere Sprache übertragen. Finden Sie zusammen mit einem Muttersprachler heraus, ob ein Witz funktioniert, andernfalls lassen Sie ihn besser weg. Zu schnell passiert es sonst, dass man einen wunden Punkt berührt oder das Publikum einen einfach nur erstaunt ansieht.
- Stellen Sie Kontrollfragen, zum Beispiel: «Haben Sie mich verstanden?»

TIPP
Bei Übersetzungen inklusive Aussprache unterstützt Sie die kostenlose Übersetzungsseite www.leo.org. Hier können Sie sich die schwierigsten Wörter vorsprechen lassen und so Ihre Aussprache überprüfen.

Serielles Dolmetschen

Serielles Dolmetschen heißt, dass der Dolmetscher nach jedem Ihrer Sätze übersetzt. Diese Vorgehensweise macht es dem Dolmetscher und dem Publikum einfacher, die Botschaft zu verstehen. Das Publikum hört sie gleich zweimal. Für Sie wird es ungewohnt sein, nach praktisch jedem Satz eine Pause machen zu müssen. Außerdem sollten Sie sich bewusst machen, dass dadurch Ihre Netto-Redezeit um die Hälfte abnimmt. Wenn wir von einer Stunde für Ihre Präsentation ausgehen, können Sie nur Material für maximal 30 Minuten an den Mann und die Frau bringen. Die anderen 30 Minuten werden fürs Dolmetschen gebraucht. Ziehen wir 10 Minuten ab für Fragen und Antworten, bleiben Ihnen noch 20 Minuten für die eigentliche Präsentation.

Darauf sollten Sie beim seriellen Dolmetschen achten:

- Während der Dolmetscher übersetzt, haben Sie Zeit, die Formulierung für den nächsten Satz oder Abschnitt vorzubereiten. Jedes Mal, wenn Sie wieder an der Reihe sind, können Sie dann sofort Blickkontakt zum Publikum aufnehmen. Auf diese Weise wirkt es, als ob Sie ohne Notizen arbeiten würden.
- Warten Sie immer, bis der Dolmetscher fertig gesprochen hat, bevor Sie fortfahren.
- Scheuen Sie sich nicht, ab und zu durch den Dolmetscher die Frage (wie oben) ans Publikum zu stellen: «Haben Sie mich verstanden?»
- Nehmen Sie sich Zeit für eine freundliche Begrüßung. Sie geben dem Dolmetscher und dem Publikum dadurch Gelegenheit, sich an Sie zu gewöhnen. Es ist wie beim Sport: Alle sollen sich ein wenig aufwärmen können, bevor es richtig losgeht.
- Lernen Sie trotz Dolmetscher ein paar Worte in der Sprache des Publikums. Das kommt bei den Zuhörern sehr gut an.

Simultandolmetschen

Hierbei übersetzt der Dolmetscher die Sätze des Originalredners quasi parallel in die fremde Sprache. Das heißt, die Übersetzung erfolgt gleichzeitig mit der Rede. Ein solcher Simultandolmetscher sitzt bei großen Anlässen in einer Kabine, damit ihn die anderen Teilnehmer nicht stören. Für die fremdsprachigen Teilnehmer werden Kopfhörer verteilt, damit sie Ihre Präsentation in der eigenen Sprache mithören können. Manchmal wird ein Vortrag auch gleichzeitig in mehrere Sprachen simultan übersetzt, zum Beispiel in Französisch und Englisch.

TIPP

Der Dolmetscher ist Ihr Freund, er trägt maßgeblich dazu bei, dass Ihre Botschaft ankommt. Binden Sie Ihn ein.

Wenn der Simultandolmetscher – wie es bei kleineren Präsentationen meist der Fall ist – im Publikum sitzt und von da aus laufend übersetzt, dann dürfen Sie sich nicht von ihm stören lassen. Im Gegenteil, ab und zu werden Sie sich mit ihm verständigen, um sicherzugehen, dass er Ihren Satz richtig wiedergegeben hat.

Vieles, was für das serielle Dolmetschen gilt, trifft auch für das Simultandolmetschen zu – und umgekehrt. Beispielsweise wird sich Folgendes immer lohnen: Treffen Sie sich vorher mit dem Dolmetscher oder den Dolmetschern. Gehen Sie mit ihnen die ganze Präsentation durch und geben Sie Ihre Präsentation vorher ab. Machen Sie die Dolmetscher auf schwierige Wörter und Fachbegriffe aufmerksam.

Bilder und Grafiken

Arbeiten Sie, wann immer möglich, mit Bildern oder Grafiken, die unabhängig vom kulturellen Hintergrund des Publikums verständlich sind. Auch hier gilt fast immer: Ein Bild sagt mehr als tausend Worte. Gehen Sie Ihre Folien durch und überprüfen Sie, ob man vielleicht sogar ohne Worte den Sinn Ihrer Präsentation erfassen könnte. Wenn das der Fall ist, sind sie für internationales Publikum sehr gut geeignet.

Kulturelle Unterschiede in der Kommunikation

Andere Länder, andere Sitten. Aber eines gilt für alle: Sie sollen das Publikum mit Ihrer Präsentation nicht langweilen. Dies gilt genauso in Amerika wie in Deutschland und China. Für die einen braucht es hierfür mehr Unterhaltung, für die anderen mehr Inhalt. Durch die zunehmende Globalisierung verschwinden diese Unterschiede aber zusehends.

Trotzdem: In Englisch sprechenden und slawischen Kulturen sollen Präsentationen lebhafter und interaktiver abgehalten werden als beispielsweise in skandinavischen Ländern. In Kulturen wie Deutschland oder Finnland sind Präsentationen oft formeller und es gibt weniger Unterbrechungen. Fragen werden hier am Ende der Präsentation oder gleich bei der Entstehung schnell beantwortet. Viele Europäer, besonders Skandinavier und Deutsche, legen Wert darauf, detaillierte Informationen und unterstützende Unterlagen zu erhalten. Sie wünschen eine strukturierte Einführung in das Thema und eine systematische Vortragsweise. Ein amerikanisches und kanadisches Publikum will einen schnellen und zügigen Überblick, bevor es ins Detail geht. In asiatischen Kulturen ist die Angst sehr groß, vor den Leuten das Gesicht zu verlieren. Das müssen Sie beim Fragen-Antworten-Teil berücksichtigen. Viele romanische Kulturen bevorzugen Darstellungen mit emotionalem Gehalt.

TIPP

Wenn Sie in eine ganz fremde Kultur (zum Beispiel Asien) reisen, um zu präsentieren, informieren Sie sich vorher über die dortigen Sitten und Gewohnheiten. So vermeiden Sie die gröbsten Schnitzer.

Die Rolle von Fragen bei internationalem Publikum

Der Stellenwert von Fragen im Rahmen einer Präsentation unterscheidet sich in den einzelnen Kulturen deutlich. Briten, Amerikaner und Deutsche stellen fast immer schwierige, herausfordernde Fragen. In Finnland oder in asiatischen Kulturen ist es wahrscheinlicher, dass das Publikum einer Präsentation ruhig zuhört und maximal einige höfliche Fragen stellt. Das hat nichts mit Gleichgültigkeit zu tun, sondern gilt in diesen Kulturkreisen als Ausdruck des Respekts gegenüber dem Redner.

Vor internationalem Publikum sollten Sie Ihre Botschaften einfach und direkt formulieren und darauf achten, dass sie auch für den Kontext außerhalb Ihres Kulturkreises passen. Verwenden Sie möglichst keine lokalen Beispiele, die in einer anderen Kultur nicht verstanden werden.

Wir erleben oft, dass die Zuschauer bei internationalen Präsentationen mit Fachbegriffen und schwierigen, komplexen Inhalten überfordert werden. Das Ziel heißt: «Weniger ist mehr.» Beschränken Sie sich also auf das Wesentliche und passen Sie Ihre Inhalte noch besser an das Publikum an als sonst. Falls Sie Metaphern verwenden wollen, müssen Sie sich vergewissern, ob die Zuhörer mit ihnen überhaupt etwas anfangen können. Zum Beispiel eignet sich eine Schnee-Metapher für ein Publikum in Afrika oder im Nahen Osten nur beschränkt.

Tipps für Präsentationen vor internationalem Publikum:

- In dubio pro reo: Gehen Sie immer davon aus, dass der Fragesteller seine Frage mit einer positiven Absicht stellt. So fällt es Ihnen leicht, höflich zu sein und zu bleiben.
- Wiederholen Sie die Frage des Zuhörers, um sicherzugehen, dass Sie seine Frage richtig verstanden haben. Andernfalls wird es, gerade mit einem Dolmetscher, eine sehr anstrengende Angelegenheit.
- Lassen Sie sich ruhig von anderen Teilnehmern aus dem Publikum helfen. Sie müssen nicht alles wissen. Manchmal liegt das Problem schlichtweg an der (mangelhaften) Übersetzung der Frage.
- Bieten Sie an, auch nach der Präsentation noch zur Verfügung zu stehen.

Mit Höflichkeit kommen Sie vor internationalem Publikum am besten ans Ziel. Denn egal, ob Sie nun Visitenkarten mit nur einer Hand überreichen oder die in anderen Kulturen übliche Körpersprache nicht völlig beherrschen – alle Menschen haben eines gemeinsam: Sie streben nach Wertschätzung und Anerkennung.

Treten Sie deshalb jeder fremden Kultur immer mit Achtung gegenüber. Auch wenn Sie Ihre eigene für überlegen halten oder nicht mit den anderen Gewohnheiten einverstanden sind, Wertschätzung, Anerkennung und Höflichkeit kommen überall gut an und beweisen Ihre Kompetenz als Weltbürger.

Auf den Punkt gebracht

1

DER WURM MUSS DEM FISCH SCHMECKEN!

Analysieren Sie Ihr Publikum. Präsentieren Sie zielgruppengerecht.

2

NUR EINE GUTE LANDKARTE BRINGT MICH ANS ZIEL

Den roten Faden behalten Sie ganz einfach mit der Clear-Message-Struktur von Skipwith/Rüegger.

3

VERSTEHT DAS PUBLIKUM NUR BAHNHOF?

Machen Sie klar, worum es in der Präsentation geht – mit einer klaren Hauptbotschaft.

4

ZEIT IST GELD

Halten Sie sich an die zur Verfügung stehende Redezeit.

5

WIE OFT KANN ICH EINEN ERSTEN EINDRUCK MACHEN?

Kommunizieren Sie fachspezifische Informationen mit Emotionen, Humor und Auflockerungen. Erarbeiten Sie eine packende Einleitung zu Ihrer Rede.

6

HOLLYWOOD IST NICHT GLEICH HINTERTUPFINGEN

Beachten Sie die Rahmenbedingungen von Raum, Ort und Zeit.

7

KEIN SOLO, SONDERN EIN ORCHESTERSTÜCK

Teampräsentationen erfordern zusätzliche Vorbereitung.

8

STARS LASSEN SICH COACHEN

Wirkliche Spitzenleistungen erzielen Sie mithilfe der professionellen Unterstützung eines Rhetorik-Coachs.

9

POWERPOINT, PICASSO UND ICH
Machen Sie die Vorbereitung erst auf Papier, dann auf dem Computer – und Ihre Botschaft wird klarer.

10

«BIN ICH HIER IN EINEM FILM, ODER WAS?»
Setzen Sie Software-Animationen nur aus didaktischen Gründen und für maximal einen spielerischen Gag ein.

11

«ICH HAB'S BEREITS GELESEN. JETZT HABE ICH EINE FRAGE.»
Die PowerPoint-Präsentation soll Sie unterstützen, nicht ersetzen. Reduzieren Sie die Inhalte Ihrer Folien: Weniger ist mehr.

12

WIR SIND HIER NICHT BEIM RADIO
Nur wenn Sie Gestik, Mimik, Haltung und Stimme einsetzen und bewusst präsentieren, erzielen Sie Wirkung.

13

WENN DU DENKST, DU KANNST ES, DANN KANNST DU ES
Die Mittel zum Erfolg: visualisieren, gründlich vorbereiten, atmen und mental trainieren.

14

LÄCHELN, AUCH WENN'S NIEMAND SIEHT
Achten Sie bei Telefon- und Videokonferenzen besonders auf Interaktivität und Visualisierung.

15

AUF DEN BRETTERN STEHEN, DIE DIE WELT BEDEUTEN
Beachten Sie die Gebote und Tabus für internationale Auftritte auf der großen Bühne.

Anmerkungen

Vorwort

[1] Im Original: «Half of your performance is what you KNOW, the other half is your SHOW.»

Einleitung von Teil I

[2] Aus Gründen der besseren Lesbarkeit wird in diesem Buch nur die männliche Form verwendet. Wir vertrauen darauf, dass unsere Leserinnen damit einverstanden sind und sich trotzdem angesprochen fühlen.

Kapitel 1: Der Wurm muss dem Fisch schmecken!

[3] Hager/Scheiber, Seite 37 ff.

[4] Darstellung nach Alley, Seite 36.

[5] Ein Biopharmazeutikum (Plasmaprodukt, Medikament).

Kapitel 2: Nur eine gute Landkarte bringt mich ans Ziel

[6] In Anlehnung an die Talk-Power-Formel von Rogers.

[7] Bild: www.fotolia.com: zoom sur la f1 © cachou34.

[8] Weissman, Seite 11.

[9] Nach Alley, Seite 62.

Kapitel 3: Versteht das Publikum nur Bahnhof?

[10] Auch bekannt als Kernbotschaft.

[11] Siehe Blog: http://rhetorikcoaching.wordpress.com.

[12] Reynolds, Seite 77.

[13] Die Rede «I have a dream» von Martin Luther King können Sie im Internet nachlesen.

[14] Diese Technik nennt man im Fachjargon Anaphora (Wortwiederholungen zu Beginn aufeinanderfolgender Sätze oder Satzteile).

Kapitel 4: Zeit ist Geld

[15] Selbst wenn die Präsentation 24 Stunden dauern soll. An dieser Stelle denken wir besser an eine Schulung von mehreren Tagen.

[16] www.toastmasters.org; auch im Film «Calendar Girls» konnte das beobachtet werden.

Kapitel 5: Wie oft kann ich einen ersten Eindruck machen?

[17] Hierfür gibt es verschiedene gute Online-Quellen, zum Beispiel: www.zitate.de, www.aphorismen.de oder www.zitate.net (speziell für Mathematik: www.mathematik.ch/zitate/). Außerdem: Duden, Band 12 – «Zitate und Aussprüche».

[18] In der Psychologie wird zwischen Emotionen und Gefühlen unterschieden. Diesen fachlichen Unterschied haben wir hier bewusst ausgelassen. In diesem Buch verstehen wir unter Emotionen und Gefühlen eine emotionale, mentale oder gar physische Reaktion auf einen Stimulus, der für ein paar Sekunden oder Minuten anhält und so zu einer Reaktion beim Publikum führt.

[19] Bildquellen: Copyright bei www.fotolia.de, diverse Fotografen: internet: © phecsone; Welt Schriftzug: © jan37; faith: © Barbara Helgason; Los Angeles Freeway Traffic--the 405: © bev; Stress: © Kati Neudert; businessman walking a tightrope: © RTimages; business concept: © khz.

[20] Das Internet ist eine ausgezeichnete-Quelle für geeignete Geschichten.

Kapitel 7: Kein Solo, sondern ein Orchesterstück

[21] Je nach Branche spricht man hier von «Pitch» oder «Beauty contest» – einem Schönheitswettbewerb. Derjenige, der den Wettbewerb gewinnt, erhält den Auftrag.

Kapitel 9: PowerPoint, Picasso und ich

[22] Bild von www.fotolia.de: Drugstore © 3d-Master.

[23] Bild der Schienen: www.fotolia.de: wohin © CARTAGENA.

[24] Das Bild stammt mit freundlicher Genehmigung aus einer Präventionskampagne des Verkehrssicherheitsrats Bern (www.vsr.ch). Der Begriff «Stange» bezeichnet hier ein spezielles Bierglas.

Kapitel 12: Wir sind hier nicht beim Radio

[25] Die 5-Finger-Methode ist abgeleitet von der Alexander-Technik und wurde von Rosa Luisa Rossi entwickelt. Die Alexander-Technik ist körperbewusste Wahrnehmungsschulung, die hauptsächlich im Schauspiel, beim Tanz und in der Musik eingesetzt wird. Mehr Informationen: www.rossi-alexander-technik.com.

Kapitel 13: Wenn du denkst, du kannst es, dann kannst du es

[26] Unter freundlicher Mitarbeit von Grigor Nussbaumer, Institut Mental Power.

[27] Jin Shin Jyutsu ist eine Heilmethode zur Harmonisierung der Lebensenergie (Qì), ähnlich der Akupressur und Akupunktur, die sich auf jahrtausendealtes überliefertes Wissen aus Japan beruft.

Literaturverzeichnis

Aich, J.: Erfolgsgeheimnis Stimme. Cornelsen, Berlin 2009

Alley, M.: The craft of scientific presentations. Springer, New York 2003

Atkinson, C.: Beyond bullet points. Microsoft Press, Redmond 2007

Courville, R.: The virtual presenter's handbook. 1080 Group, Troutdale 2009

Gendelman, J.: Virtual presentations that work. McGraw-Hill, New York 2010

Hager, P. J./Scheiber, H. J.: Designing & delivering scientific, technical, and managerial presentations. John Wiley & Sons, Hoboken 1997

Hoff, R.: I can see you naked. Andrews and McMeel, Kansas City 1992

McRae, B./Brooks, D.: The seven strategies of master presenters. Career Press, Franklin Lakes 2004

Minto, B.: Das Prinzip der Pyramide. Pearson Studium, München 2005

Reynolds, G.: Presentation Zen. New Riders, Berkeley 2008

Rogers, N.: Frei Reden ohne Angst und Lampenfieber. Ullstein, Berlin 1996

Schiecke, D.: Das Ideenbuch für kreative Präsentationen. Microsoft Press Deutschland, Unterschleißheim, 2. Auflage 2009

Skipwith, T.: Die packende betriebsinterne Präsentation. BoD, Norderstedt, 2. Auflage 2009

Toastmasters International: Kompetente Kommunikation. Toastmasters International, Mission Viejo 2003

Toogood, G. N.: The articulate executive: Learn to look, act, and sound like a leader. McGraw-Hill Audio, New York 2003 (Hörkassette)

Weissmann, J.: Presenting to win. FT Press, Upper Saddle River 2009

Whitmore, J.: Business Class: Etiquette essentials for success at work. St. Martin's Press, New York 2005

Zelazny, G.: Das Präsentationsbuch. Campus Verlag, Frankfurt 2009

Stichwortverzeichnis

Punkt und Schluss

Wie beim Sport, beim Erlernen eines Instruments und einer Fremdsprache gilt beim Präsentieren: Übung macht den Meister. Und selbst wenn Sie schon ein Meister sind, geht es nicht ohne Übung, denn: Wer rastet, der rostet. Deshalb empfehlen wir Ihnen den Besuch eines Rhetorik-Trainings. Wir führen regelmäßig solche Trainings durch. Schauen Sie vorbei auf unserer Webseite.

tom@descubris.ch

toto@descubris.ch

Gern unterstützen wir Sie:

- Rhetorik-Coachings
- Gruppentrainings für Rhetorik und Präsentationstechnik
- Ghostwriting
- Gastreferate

Sie erreichen uns unter:

DESCUBRIS GmbH
Training for Public Speaking
Bürgenweg 1
6052 Hergiswil NW
Schweiz

Telefon: +41 41 630 39 90
E-Mail: rhetorik@descubris.ch
Webseite: www.descubris.ch

Auf unserer Webseite finden Sie Hilfsmittel, Checklisten, Links und Videos: Alles, was Sie brauchen rund ums Thema Rhetorik. Außerdem können Sie jederzeit unseren kostenlosen Trainingletter (Newsletter) mit jeweils einer nützlichen Übung abonnieren.

Für das vorliegende Buch durfte ich das illustrative Art Work erstellen und bedanke mich herzlich bei den Autoren, dem Verlag und allen Mitwirkenden! Sie, lieber Leser, soll das Buch unterstützen, es soll Ihnen Spaß machen und Sie die komplexe Herausforderung, gut zu präsentieren, unbeschwert und kreativ angehen lassen. otto zingg | formd grafik + neue medien | www.formd.ch

Wie oft wurden Sie schon bei betriebsinternen Präsentationen gelangweilt? Wie oft war Ihnen nicht klar, worauf der Redner hinauswollte? Wenn Sie nicht auch zu diesen Rednern gehören wollen, dann folgen Sie den Tipps und Tricks in diesem Buch. Präsentationsprofi Thomas Skipwith beschreibt, was es braucht, damit Ihre Präsentationen inhaltlich verständlich sind und von der Form her überzeugen. Sie lernen unter anderem, wie Sie Ihre Präsentationen strukturieren, sich auf den Auftritt vorbereiten und mit Lampenfieber umgehen. Es geht um die Grundlagen wie auch um Techniken für Fortgeschrittene. Sie erfahren außerdem, wie Sie mit dem Skipwith-Radar eine Präsentation bewerten. Dieses Buch ist gespickt mit Checklisten und Übungen. Damit auch Sie packende Präsentationen halten.

Thomas Skipwith, Rhetorik-Europameister und professioneller Trainer für Rhetorik und Präsentationstechnik, gibt hier sein umfangreiches Wissen weiter.

Gebunden mit Schutzumschlag
176 Seiten
Verlag: BoD, Norderstedt
Auflage: 2 (August 2009)
Sprache: Deutsch
ISBN-13: 978-3837047189
Bestellung bei www.amazon.de

Weitere Titel aus dem Orell Füssli Verlag

Anne M. Schüller

Kunden auf der Flucht?

Wie Sie loyale Kunden gewinnen und halten

Die Wechselbereitschaft der Kunden ist so groß wie nie. Die Illoyalen sind auf dem Vormarsch. Das neue Phänomen heißt: der flüchtende Kunde. Kundenverluste sind in den meisten Fällen hausgemacht, weil Unternehmen immer noch viel zu selbstzentriert agieren. Was müssen Unternehmen tun, um die freiwillige Treue der Kunden zu erhalten?

Diese wichtige Schlüsselfrage beantwortet Anne M. Schüller, Expertin für Loyalitätsmarketing, in ihrem neuen Buch in drei Teilen:

Teil 1 (das Rüstzeug): Wann und wie entsteht überhaupt Loyalität?

Teil 2 (die strategische Basis): Wie muss ein Unternehmen aufgestellt sein, um die Loyalität profitabler Wunschkunden zu gewinnen und auf Dauer zu sichern?

Teil 3 (die operative Umsetzung): Was ist konkret zu tun, um loyale Kunden zu erhalten? Und wichtiger noch: Wie ist es zu tun?

Dargestellt wird, welche strategische Basis gelegt und welche operativen Maßnahmen eingeleitet werden können und müssen, damit Kunden zu durch und durch loyalen Käufern und aktiven, positiven Empfehlern werden – offline wie auch online. Das Customer Touchpoint Management (Kundenkontaktpunkt-Management) nimmt dabei eine zentrale Bedeutung ein. Das Ziel: die Loyalitätsführerschaft.

208 Seiten, gebunden, ISBN 978-3-280-05382-9

orell füssli Verlag

Wilfried Braig, Roland Wille

Mitarbeitergespräche

Gesprächsführung aus der Praxis für die Praxis

Die meisten Führungskräfte wissen theoretisch, wie man ein Mitarbeitergespräch führt – wenn es dann jedoch konkret wird, fehlen schlicht die Formulierungen. Was tun? Das «Rezeptbuch» von Wilfried Braig und Roland Wille hilft genau dort, wo alle Theorie endet: beim Gespräch. Wilfried Braig und Roland Wille haben die Theorie der Gesprächsführung in einem Handbuch für Führungskräfte vom Kopf auf die Beine gestellt.
Anhand 16 verschiedener Gesprächssituationen zeigen sie, wie erfolgreiche Mitarbeitergespräche praktisch ablaufen. Gesprächsmuster zu den Themen Kritik, Konflikt, Abmahnung, Kündigung, Einstellung, Gehalt, Fehlzeiten und Delegation helfen Führungskräften, die richtigen Worte zu finden.

172 Seiten, gebunden, ISBN 978-3-280-05206-8